时装画手绘100例

基础线条+马克笔上色+风格表现

设计手绘教育中心 编著

人民邮电出版社
北京

图书在版编目（CIP）数据

时装画手绘100例 : 基础线条+马克笔上色+风格表现/
设计手绘教育中心编著. -- 北京 : 人民邮电出版社,
2019.11
ISBN 978-7-115-49106-0

Ⅰ. ①时… Ⅱ. ①设… Ⅲ. ①时装—绘画技法 Ⅳ.
①TS941.28

中国版本图书馆CIP数据核字(2018)第185419号

内 容 提 要

手绘是服装设计表现的基本环节，也是学习服装设计的首要环节。本书包含 100 个案例，从简单的线条绘制到完整的人物着装表现，通过实例对人物造型和结构进行了全面的分析和讲解。

全书分为 8 章，第 1 章讲解人体的线条表现；第 2 章讲解服装款式的线条表现；第 3 章讲解时装质感的手绘表现；第 4 章讲解配饰的手绘表现；第 5 章讲解休闲系列服装的绘制；第 6 章讲解时尚系列服装的绘制；第 7 章讲解晚装系列服装的绘制；第 8 章讲解婚纱系列的绘制。本书着重讲述了怎样表现画面的氛围感、提高色彩的感染力、增加画面的生动性，通过绘制步骤的分解帮助读者掌握绘画技巧和要点。

本书适合服装设计师、服装院校学生、时尚插画师和服装设计爱好者使用，同时也可作为服装设计培训机构和服装院校的教学用书。随书附赠 100 个案例的效果图，方便读者临摹，同时赠送一套时装画电脑手绘在线教学视频课，可满足读者多方面的学习需求。

◆ 编　　著　设计手绘教育中心
责任编辑　张丹阳
责任印制　马振武
◆ 人民邮电出版社出版发行　北京市丰台区成寿寺路 11 号
邮编　100164　电子邮件　315@ptpress.com.cn
网址　http://www.ptpress.com.cn
北京富诚彩色印刷有限公司印刷
◆ 开本：787×1092　1/16
印张：14
字数：517 千字　2019 年 11 月第 1 版
印数：1 – 2 600 册　2019 年 11 月北京第 1 次印刷

定价：79.00 元

读者服务热线：(010)81055410　印装质量热线：(010)81055316
反盗版热线：(010)81055315
广告经营许可证：京东工商广登字 20170147 号

前 言

时装画是时尚艺术的一种平面的美术创作形式，画面富有艺术表现力，也反映了作者的个性和艺术风格，同样也是作者表达时尚理念和态度的一种方式。

本书是一本专门介绍时装画绘制技法的图书，笔者精心挑选每一张照片、细心编写每一段文字、用心绘制每一幅时装画，是为了表现对时装的爱好与态度。

本书主要针对学习时装设计的人士和时装手绘爱好者而编写，通过丰富的案例，由简入繁、循序渐进地讲解绘画步骤，为读者提供实用的绘画技法指导，包括人物线条、服装造型线条、面料质感、配饰质感、多种人物着装风格的表现，帮助读者掌握更加全面的时装画的表现技法。

资源与支持

本书由数艺社出品，“数艺社”社区平台（www.shuyishe.com）
为您提供后续服务。

配套资源

100个案例效果图，方便读者随时临摹学习。
时装画电脑手绘在线教学视频，多方面满足读者需求。

资源获取请扫码

“数艺社”社区平台，为艺术设计从业者提供专业的教育产品。

与我们联系

我们的联系邮箱是szys@ptpress.com.cn。如果您对本书有任何疑问或建议，请您发邮件给我们，并请在邮件标题中注明本书书名及ISBN，以便我们更高效地做出反馈。
如果您有兴趣出版图书、录制教学课程，或者参与技术审校等工作，可以发邮件给我们；有意出版图书的作者也可以到“数艺社”社区平台在线投稿（直接访问www.shuyishe.com 即可）。如果学校、培训机构或企业想批量购买本书或数艺社出版的其他图书，也可以发邮件联系我们。
如果您在网上发现针对数艺社出品图书的各种形式的盗版行为，包括对图书全部或部分内容的非授权传播，请您将怀疑有侵权行为的链接通过邮件发给我们。您的这一举动是对作者权益的保护，也是我们持续为您提供有价值的内容的动力之源。

关于数艺社

人民邮电出版社有限公司旗下品牌“数艺社”，专注于专业艺术设计类图书出版，为艺术设计从业者提供专业的图书、U书、课程等教育产品。出版领域涉及平面、三维、影视、摄影与后期等数字艺术门类，字体设计、品牌设计、色彩设计等设计理论与应用门类，UI设计、电商设计、新媒体设计、游戏设计、交互设计、原型设计等互联网设计门类，环艺设计手绘、插画设计手绘、工业设计手绘等设计手绘门类。更多服务请访问“数艺社”社区平台www.shuyishe.com。我们将提供及时、准确、专业的学习服务。

目录

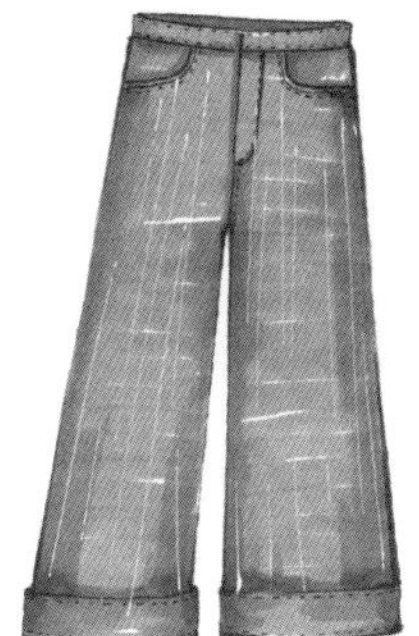

上篇

基础线条

第1章 人体线条表现

第2章 服装款式线条表现

中篇

上色表现

第3章 时装质感手绘表现

第4章 配饰手绘表现

第 5 章　休闲系列服装的绘制

下篇

综合表现

第 6 章　时尚系列服装的绘制

第 7 章　晚装系列服装的绘制

第 8 章　婚纱系列的绘制

上篇

基础线条

第 1 章

人体线条表现

人体线条的绘制，是创作时装画最基本的过程，只有将头部、五官、四肢、比例以及动态的线条把握好，才能更好地绘制时装效果图。

例001 正面头部表现

正面角度的头部绘制是创作时装画必须掌握的技能，也是时装人体头部最基本的姿态，正面头部的线条练习主要在于把握好五官之间的比例关系。

❶ 五官的比例要准确。
❷ 眼睛的线条处理。

❶ 自动铅笔
❷ 橡皮擦

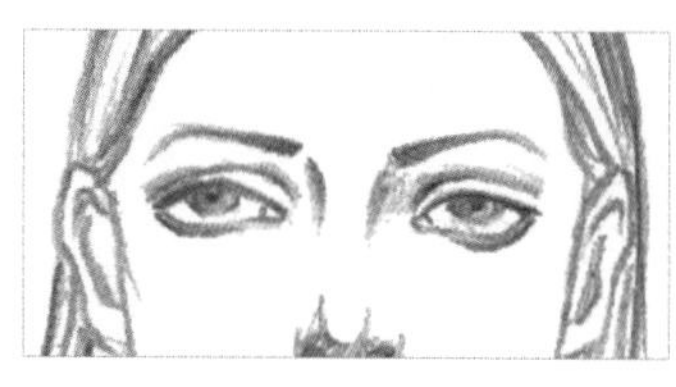

表现眼睛的深邃，主要在于画出眼睛周围的暗面阴影颜色。

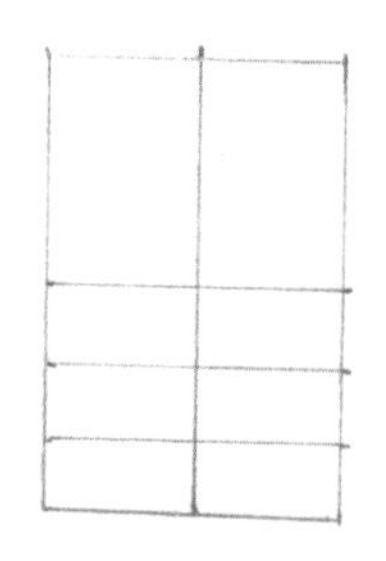

1 先画出一个比例为2：3的长方形，然后画出长和宽的中心线，最后将下半部分等分为3份。

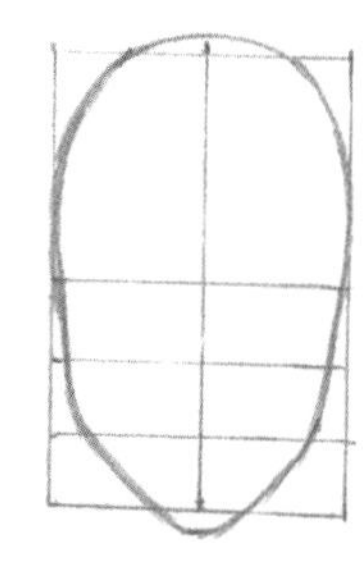

2 画出面部的外轮廓线条，注意脸部到下巴位置线条的处理。

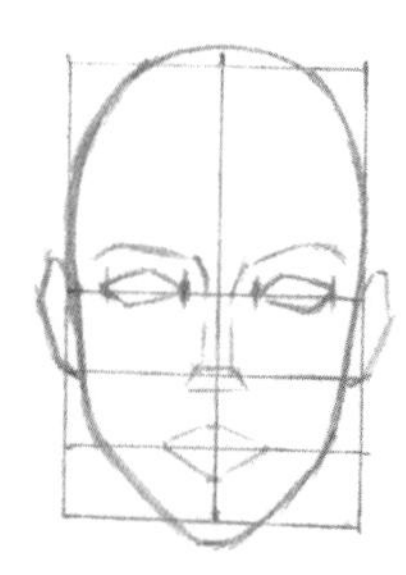

3 根据三庭五眼的原则，眼睛、鼻子和嘴巴的位置都在等分线位置，两眼之间的距离为一只眼睛的长度，眼睛和鼻子之间的长度是耳朵的长度。

4 细致刻画五官的细节线条，再画出头发丝的走向。

5 深入刻画五官的细节和阴影面，突出表现五官，最后根据发丝走向细致刻画头发线条。

◎ 多种正面头部线条表现

例002 侧面头部表现

侧面头部又可以分为全侧面以及四分之三侧面的角度，侧面头部线条的绘制相对正面头部有一些难度，要更加注意对比例线条的把握。

1 用切割线画出头部大致轮廓线条以及五官的位置。

2 深入刻画五官和头发的线条。

3 擦除多余的线条，再细致刻画五官的线条以及阴影面。

◎ 多种侧面头部线条表现

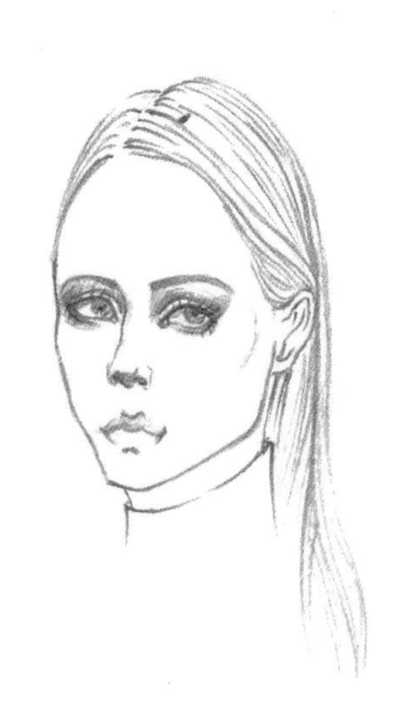

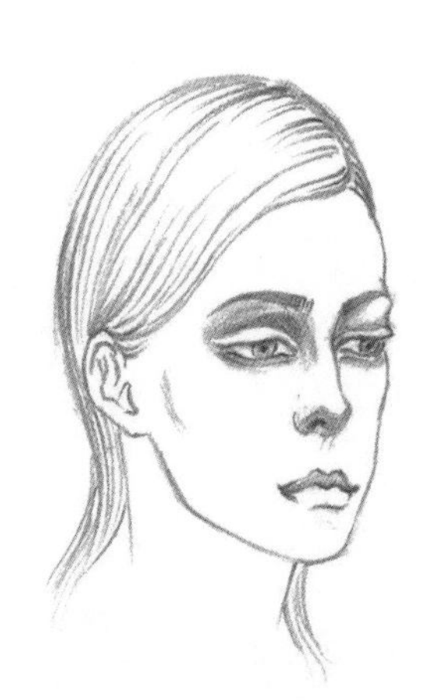

例003 眼睛表现

眼睛是心灵的窗户，表现出眼睛的神韵，整个头部的绘制就成功了一大半。眼睛的线条随着头部角度的变化而变化。

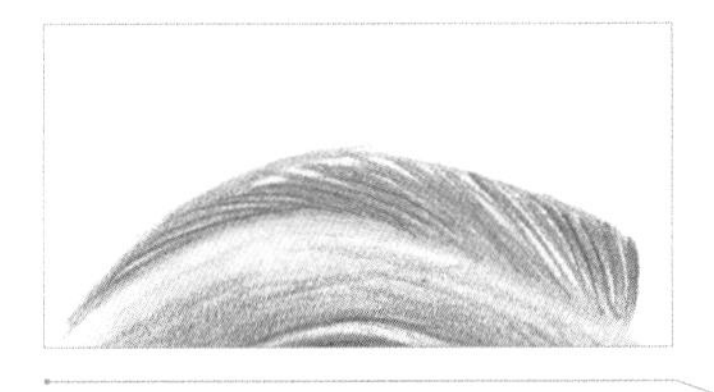

绘制眉毛线条的时候将眉毛分为3个部分来处理：眉头、眉中和眉尾。

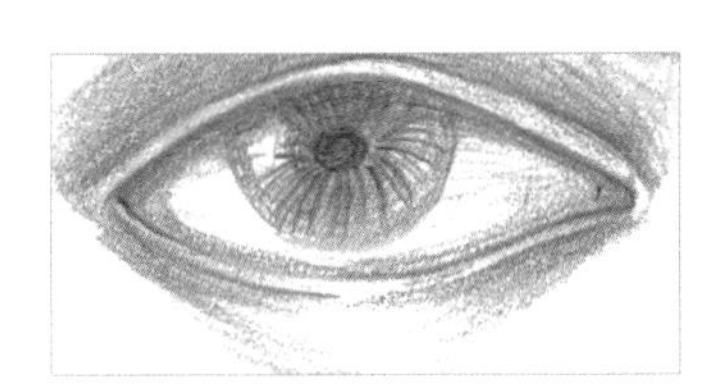

绘制眼睛瞳孔的线条时，先画出黑色眼球，再画出瞳孔的线条，注意瞳孔高光的留白处理。

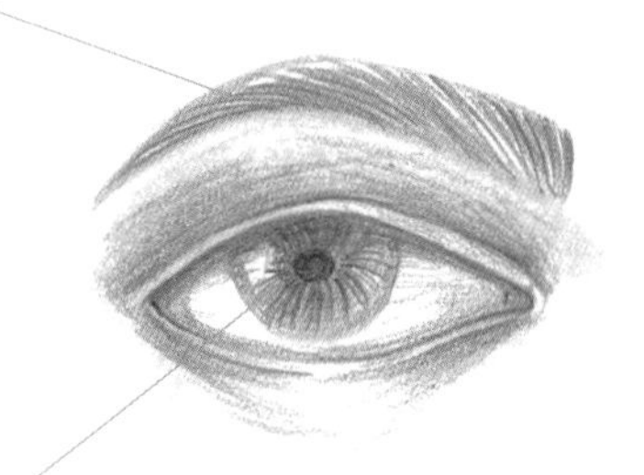

1 画出眼睛的外轮廓线条，注意两眼之间的距离为一只眼睛的长度。

2 画出黑眼球形状及双眼皮的线条，根据眼睛的形状画出眉毛的长度和外轮廓。

3 画出眼球和瞳孔的线条，再根据眉毛的形状画出眉毛的线条。

4 加深眼球的线条及眉毛的暗部线条颜色，再画出眼窝和眼尾位置的阴影线条。

5 深入刻画眼窝和眼尾的阴影部分，再画出下眼睑位置的暗部颜色，最后画出眼白位置的暗部线条来突出眼睛的美感。

◎ 多种眼睛线条表现

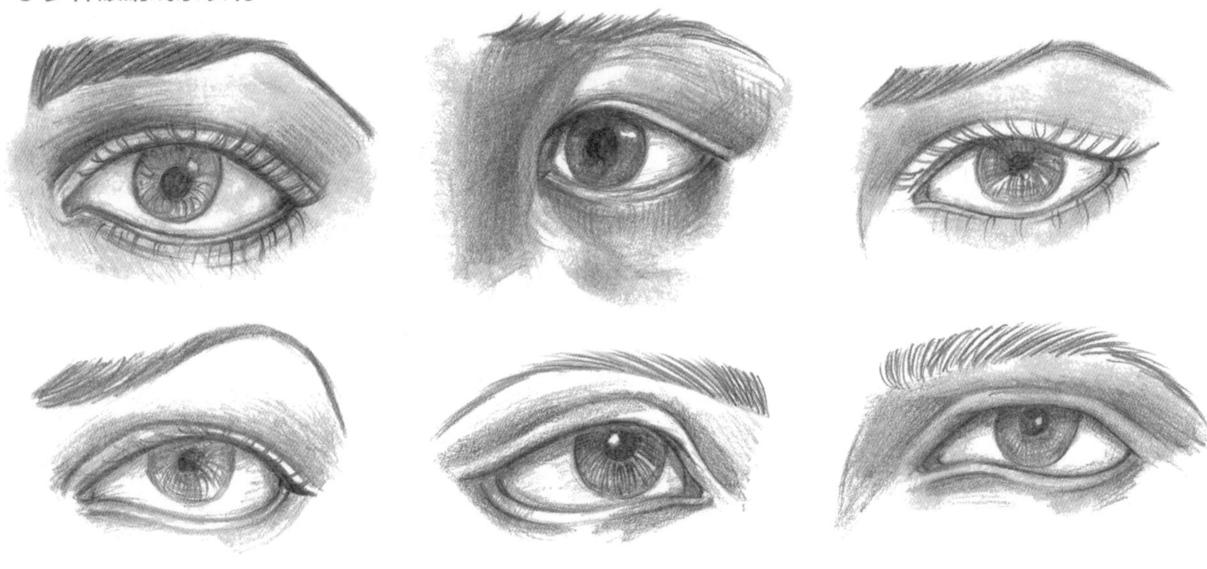

例004 耳朵表现

耳朵的表现主要在于外轮廓形状和内部结构的线条表现，在时装画里面，耳朵的表现通常比较简单。

绘制要点

耳朵的外轮廓与内部结构的关系。

绘画工具

❶ 自动铅笔
❷ 橡皮擦

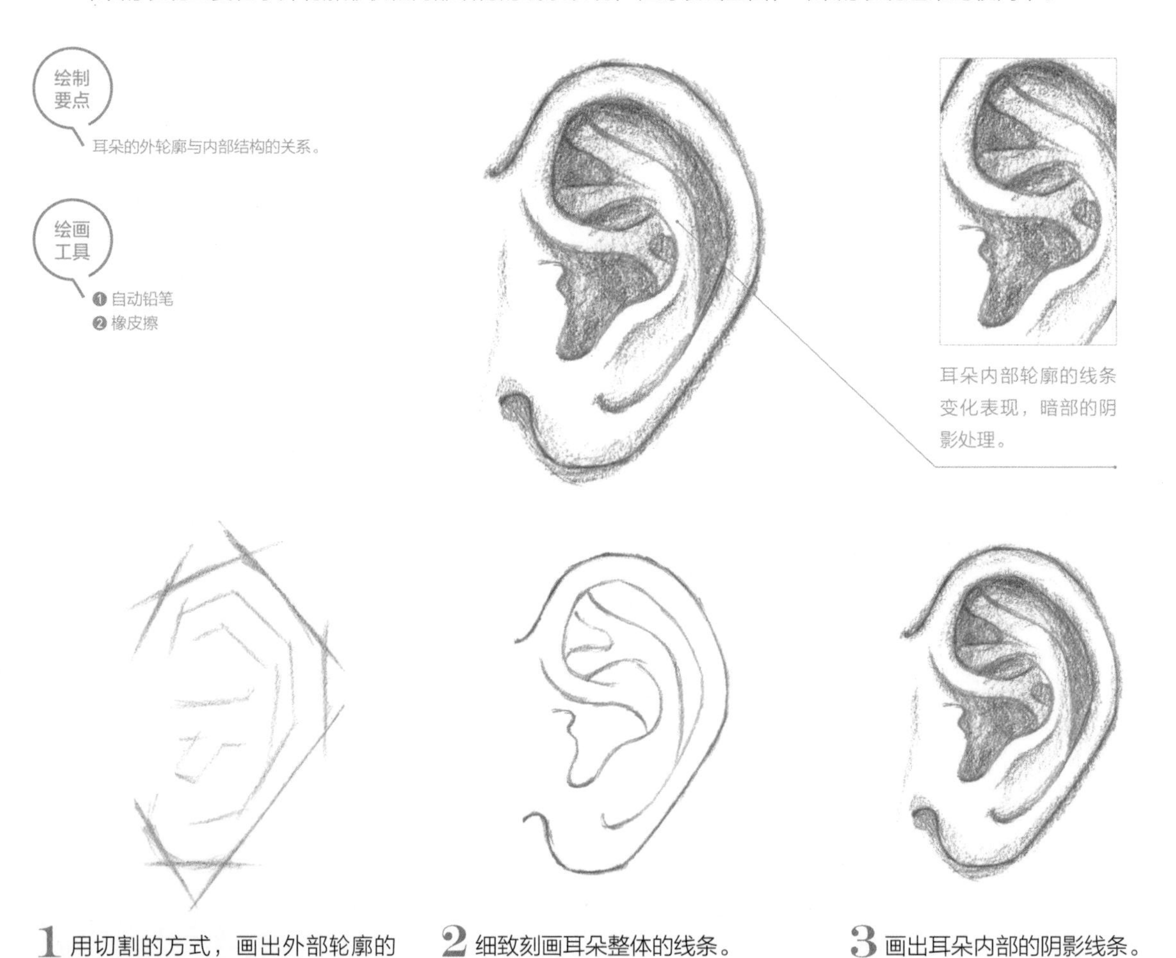

耳朵内部轮廓的线条变化表现，暗部的阴影处理。

1 用切割的方式，画出外部轮廓的位置以及内部结构的大致线条。

2 细致刻画耳朵整体的线条。

3 画出耳朵内部的阴影线条。

◎ 多种耳朵线条表现

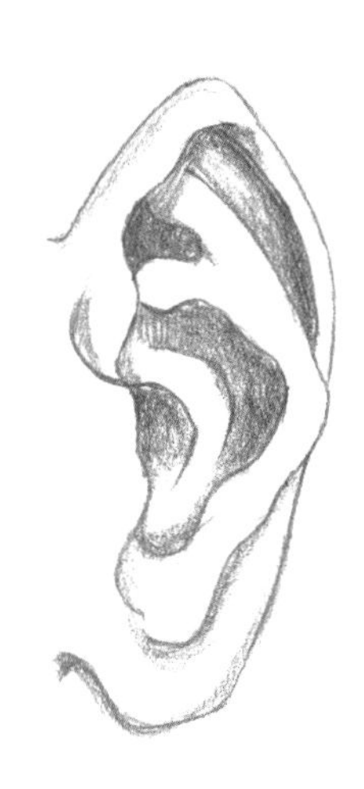

例005 鼻子表现

在鼻子的绘制过程中，最难的是鼻子的结构线条。在时装画中，要学会简化鼻子的结构线条，不能喧宾夺主。

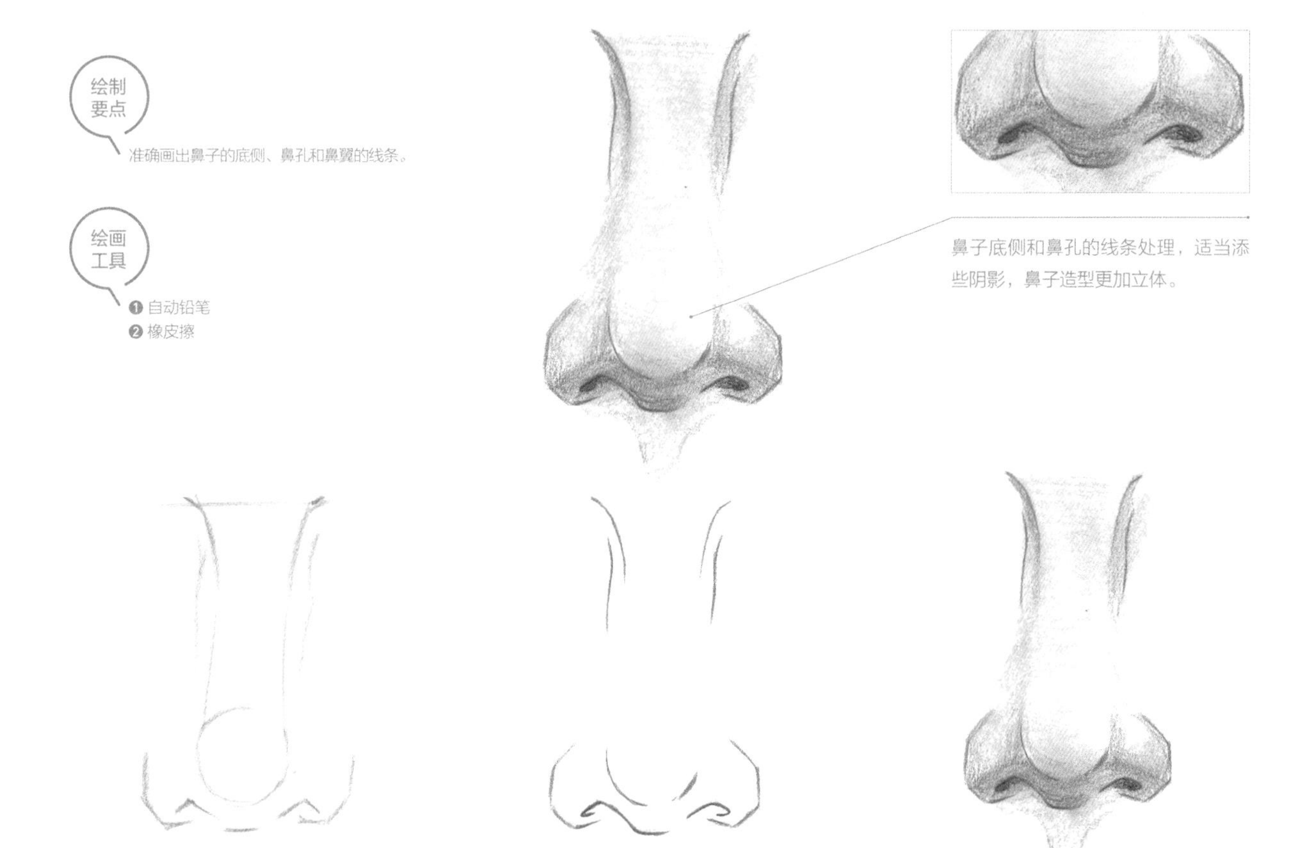

1 画出鼻子整体结构的线条，以及鼻球和鼻孔。

2 适当调整线条，再简单画出鼻子的正面形状。

3 画出鼻子的颜色，在鼻底侧和鼻孔的位置加深暗部颜色，突出鼻梁。

◎ 多种鼻子线条表现

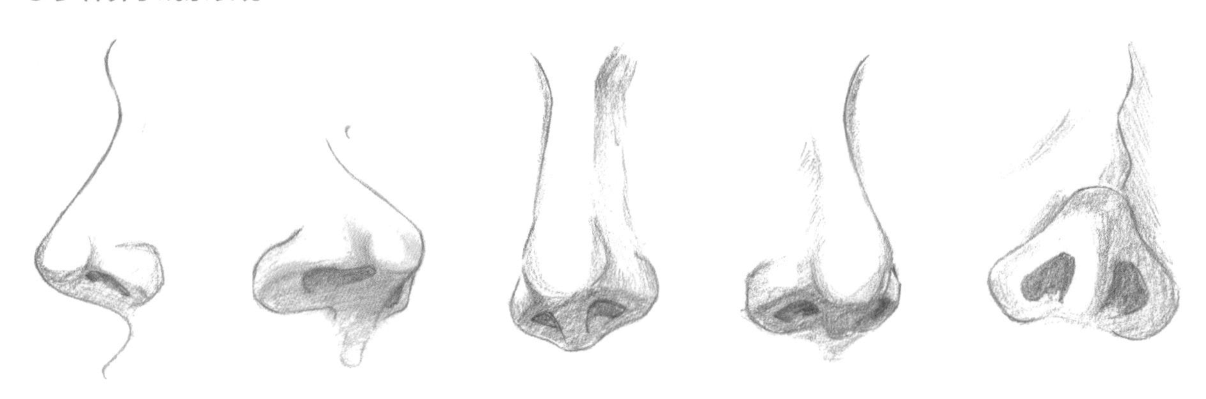

例006 嘴巴表现

在时装画里面，嘴唇通常可以表现出模特的心情。在绘制嘴唇的线条时要注意结构特征和透视的画法。

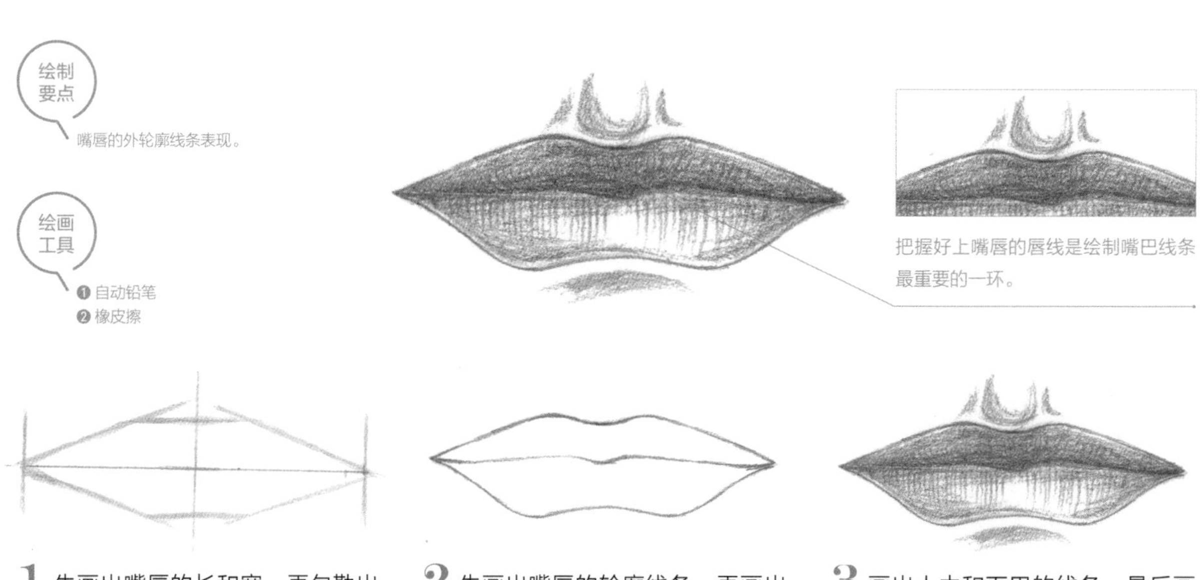

1 先画出嘴唇的长和宽，再勾勒出上嘴唇与下嘴唇的线条。

2 先画出嘴唇的轮廓线条，再画出唇中线，擦除多余的杂线。

3 画出人中和下巴的线条，最后画出嘴唇的明暗颜色调子。

◎ 多种嘴巴线条表现

例007 发型表现

发型的表现在很大程度上会影响模特的整体造型，头发的线条绘制主要在于把握好发型的轮廓以及发尾的处理，也要注意对头发的蓬松感与体积感的表现。

❶ 注意头发丝的方向变化。
❷ 头发的体积感和蓬松感的表现。

❶ 自动铅笔
❷ 橡皮擦

绘制头发丝的线条时，一束一束地进行绘制，颜色也表现得深一些，内部发丝线条的颜色较浅。

1 先画出面部轮廓和五官线条，再勾勒出头发的大致轮廓线条。

2 根据头发的方向，画出头发丝的细节线条。

3 先加深五官的阴影颜色，再加深头发的暗面颜色。

◎ 多种发型线条表现

例008 手臂表现

在时装画中，相对于身体的其他部位，手臂被称为第二张脸，一双漂亮的手臂会给画面锦上添花。绘制手臂的结构时，要注意关节和肌肉的关系。

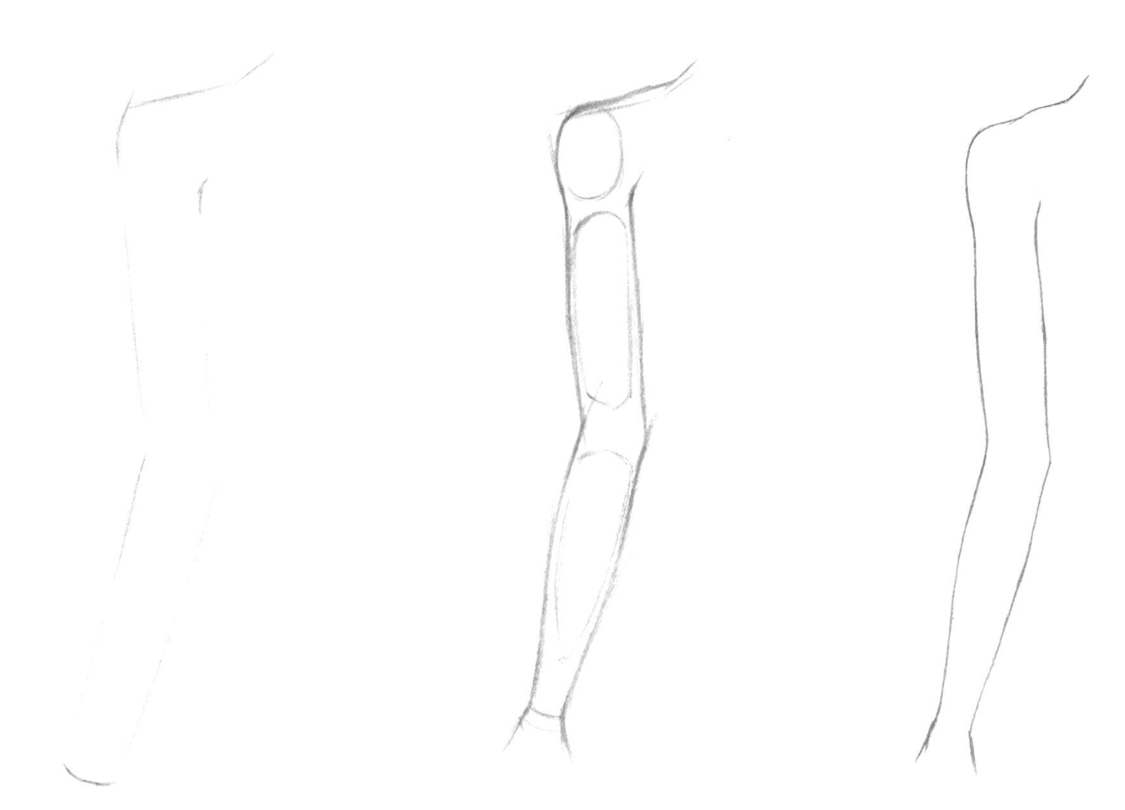

1 用铅笔勾勒出手臂的大致轮廓线条。

2 手臂的外轮廓线条是由肌肉和骨头的结构产生的，先画出内部结构，再深入绘制手臂轮廓线条。

3 擦除内部的结构形状，注意调整手臂姿态变化的透视，最后刻画手臂线条。

◎ 多种手臂线条表现

例009 手部表现

手部的动态变化比较灵活，在时装画中手部属于单独的动态表现。在绘制手部时，注意结构变化。

绘制要点

注意手腕和手掌以及手指之间的转折关系。

绘画工具

❶ 自动铅笔
❷ 橡皮擦

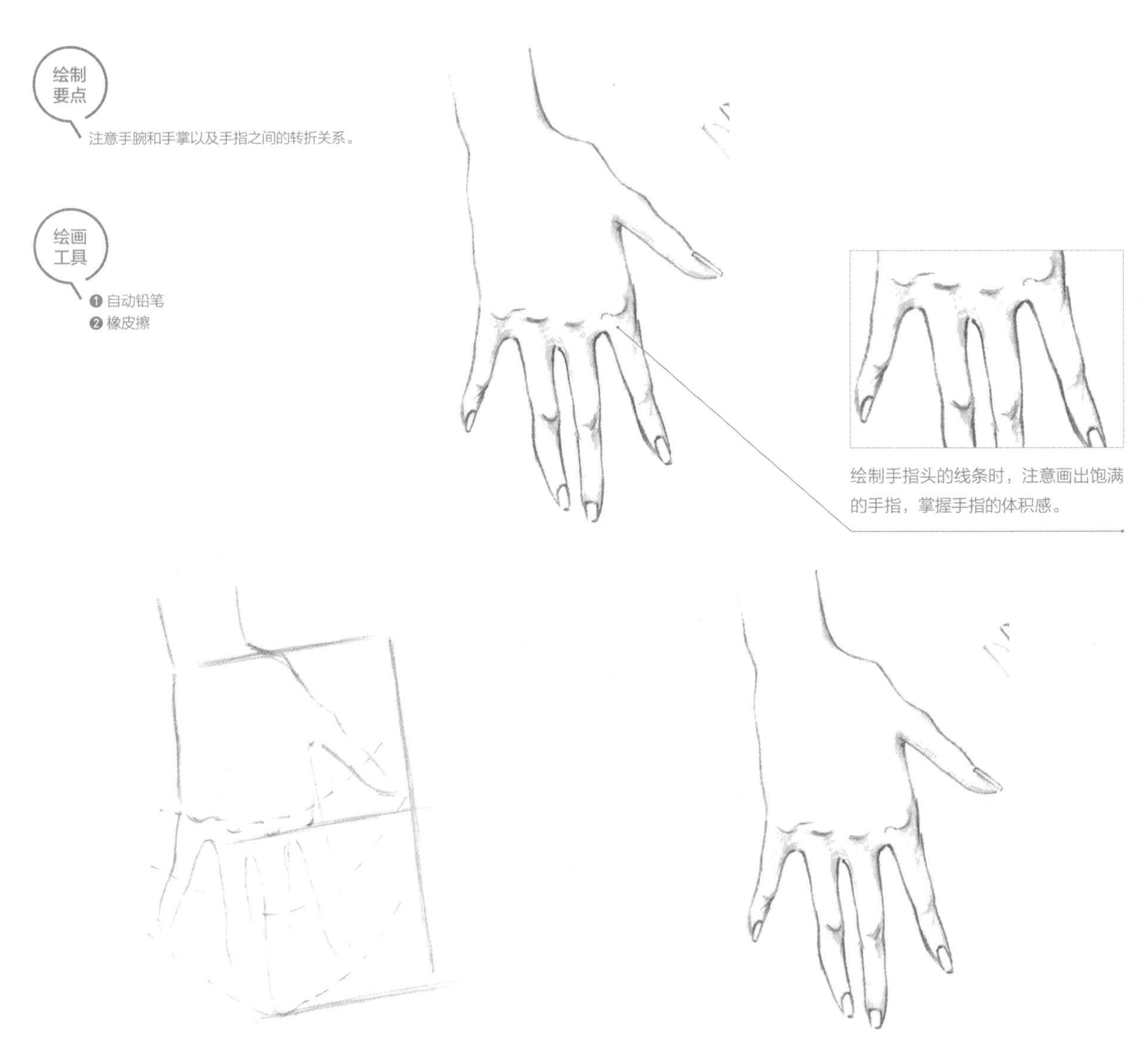

1 画出手部关节的位置，注意手部的弧度表现，最后绘制重点部位。

2 完善手指的形状线条，注意关节与手指肚的线条表现，最后画出手部的暗面阴影颜色。

◎ 多种手部线条表现

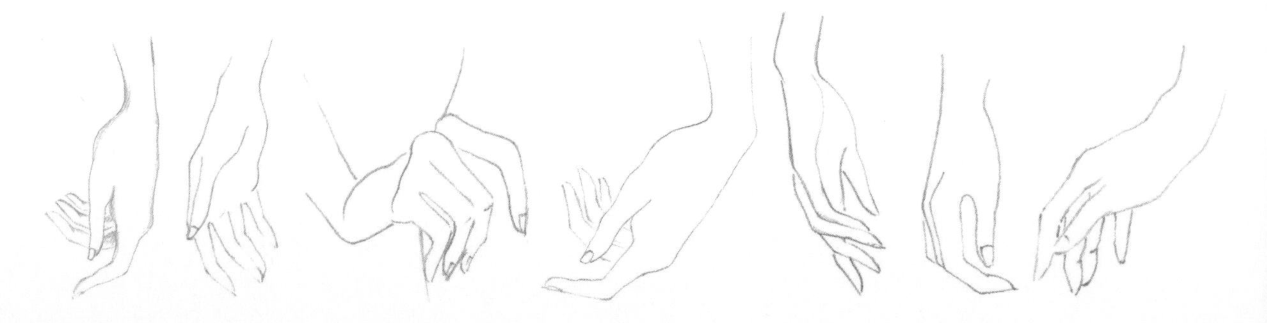

例010 腿部表现

在时装画中，女性模特都有着非常完美的身材比例和修长的美腿，绘画者要先理解腿部的结构变化，才能画出曲线优美的腿。

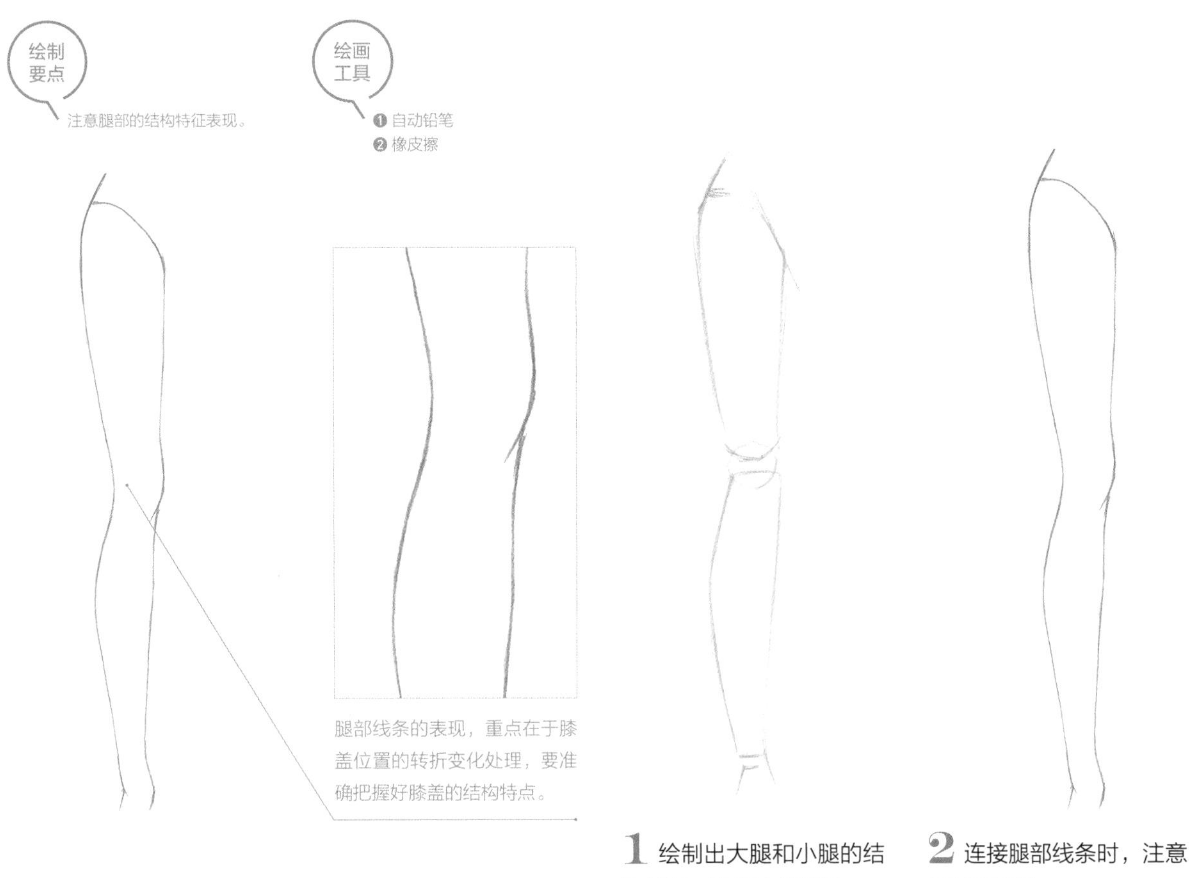

1 绘制出大腿和小腿的结构线条，注意比例关系。

2 连接腿部线条时，注意笔触要流畅。

◎ 多种腿部线条表现

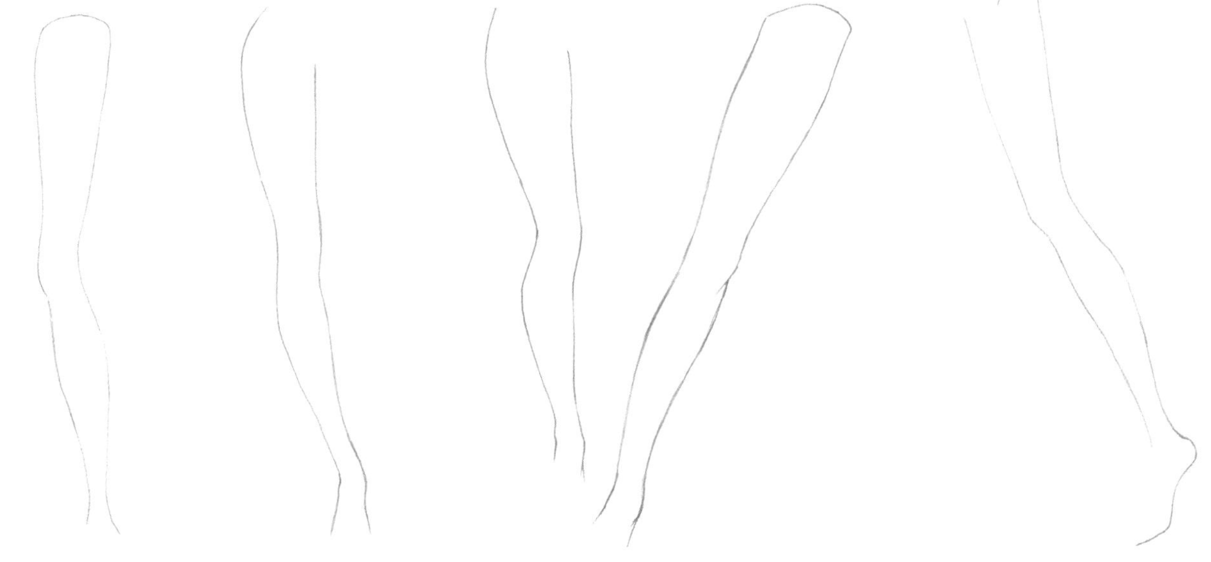

例011 足部表现

足部支撑整个身体的重量，所以脚掌比较厚实，脚趾头也比较粗壮。绘制脚部线条时，要注意脚背的弧度，脚踝和脚后跟也是不可忽视的部位。

绘制要点

注意脚踝和脚背以及脚趾的转折关系。

绘画工具

❶ 自动铅笔
❷ 橡皮擦

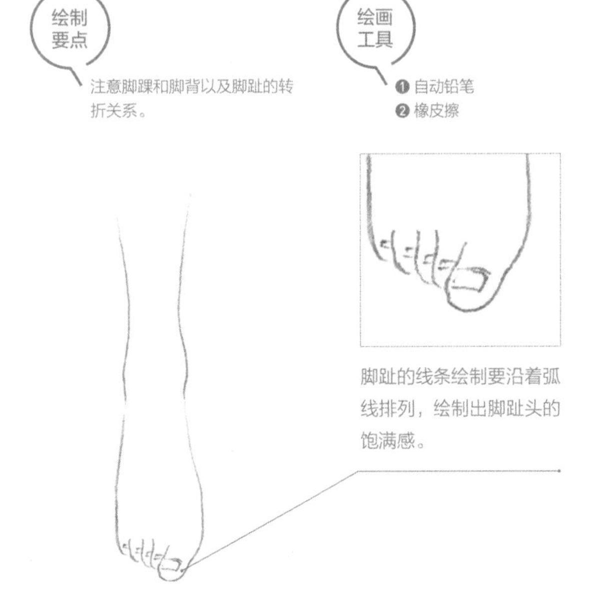

脚趾的线条绘制要沿着弧线排列，绘制出脚趾头的饱满感。

1 绘制出足部的大致轮廓的切割线条。

2 仔细刻画脚趾头的线条，流畅连接脚踝和脚背以及脚趾头的线条。

◎ 多种足部线条表现

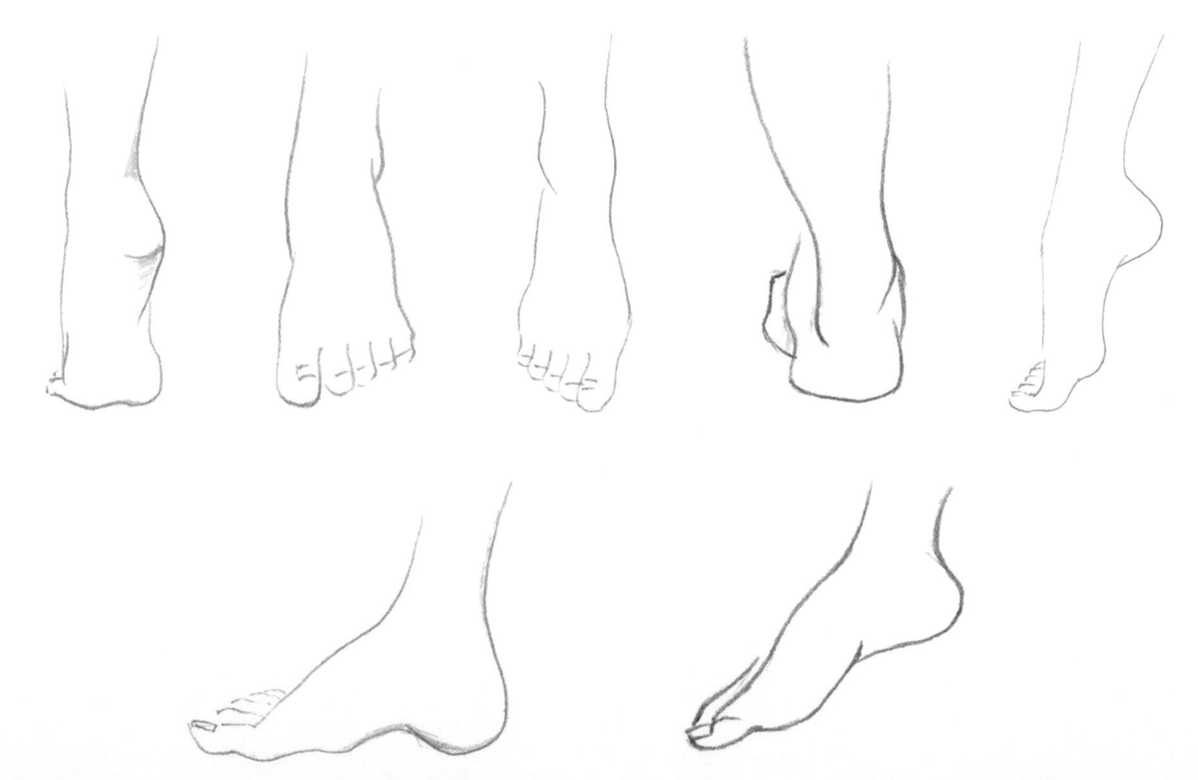

例012 时装画人体比例

时装画中人体比例的绘制，通常先将人体分解成 6 个主要区块，分别是头部、胸腔、盆腔、手臂、腿部、手部和足部。

绘制要点

❶ 把握好人体的比例造型。
❷ 女性人体的显著特征是肩部与臀部的位置表现。

绘画工具

❶ 自动铅笔
❷ 橡皮擦

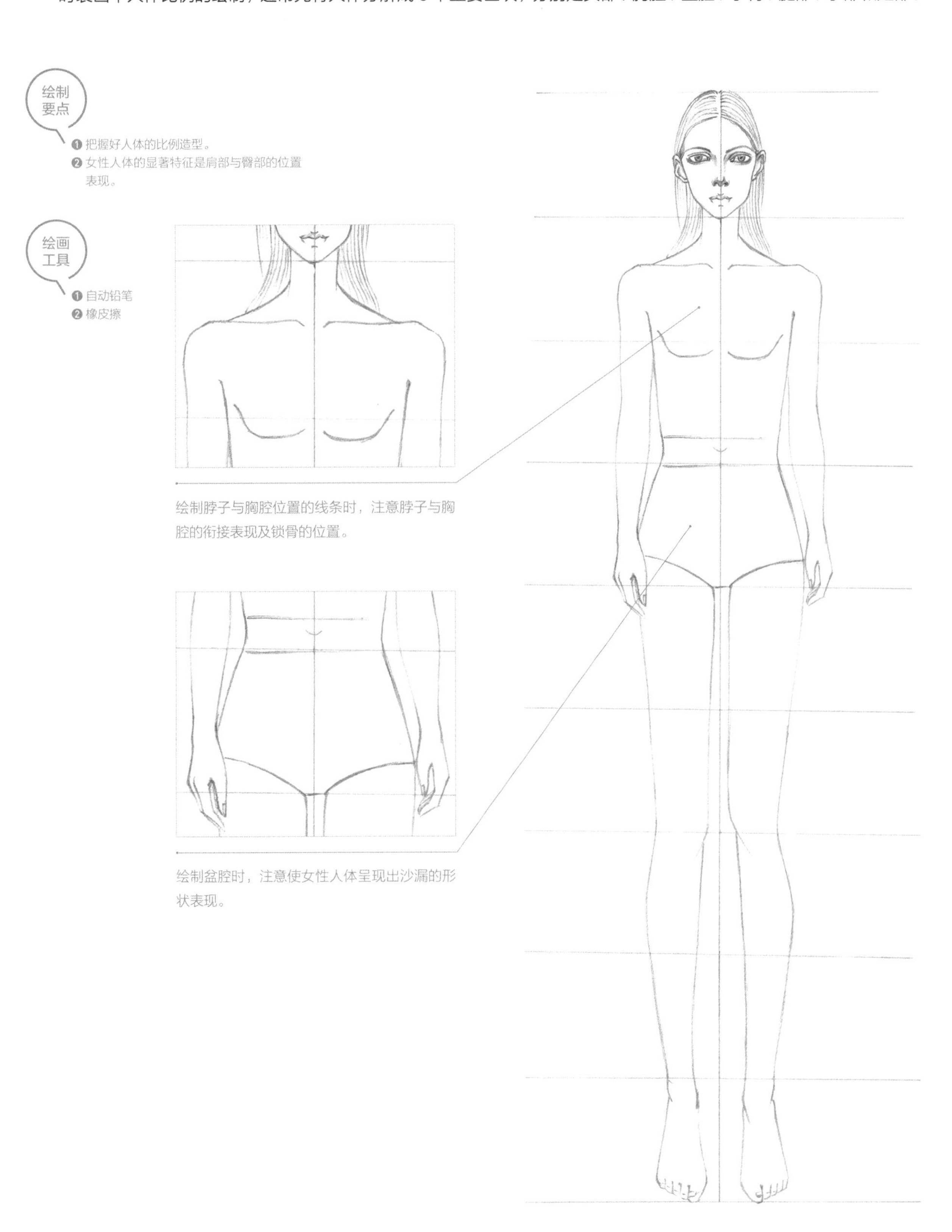

绘制脖子与胸腔位置的线条时，注意脖子与胸腔的衔接表现及锁骨的位置。

绘制盆腔时，注意使女性人体呈现出沙漏的形状表现。

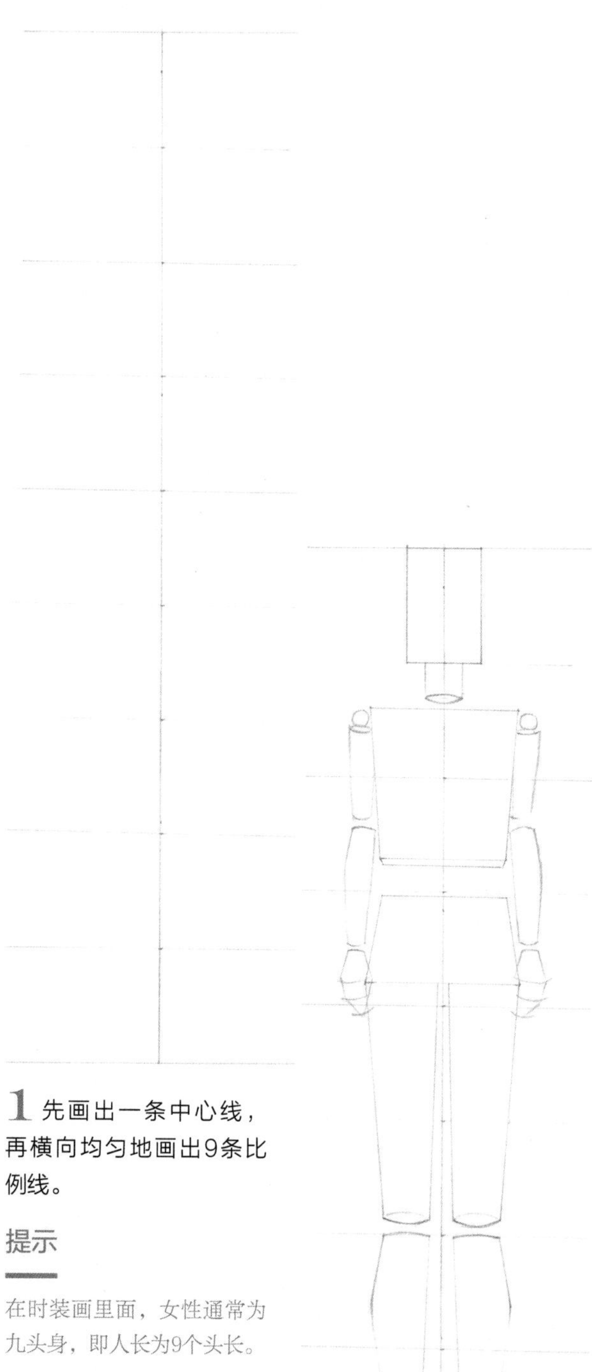

1 先画出一条中心线，再横向均匀地画出9条比例线。

提示

在时装画里面，女性通常为九头身，即人长为9个头长。

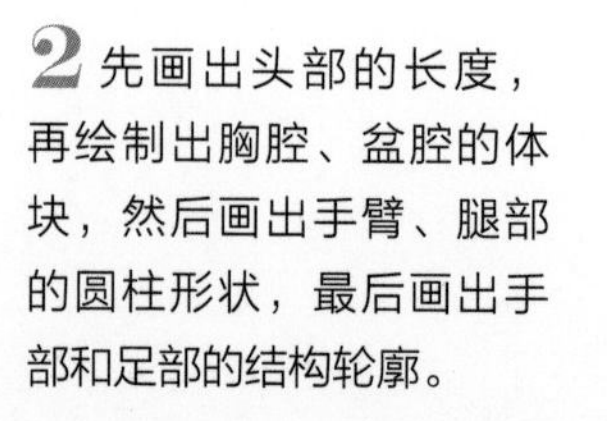

2 先画出头部的长度，再绘制出胸腔、盆腔的体块，然后画出手臂、腿部的圆柱形状，最后画出手部和足部的结构轮廓。

3 先刻画出面部轮廓和五官线条，再绘制出头部的轮廓线条，最后画出头发丝的线条。

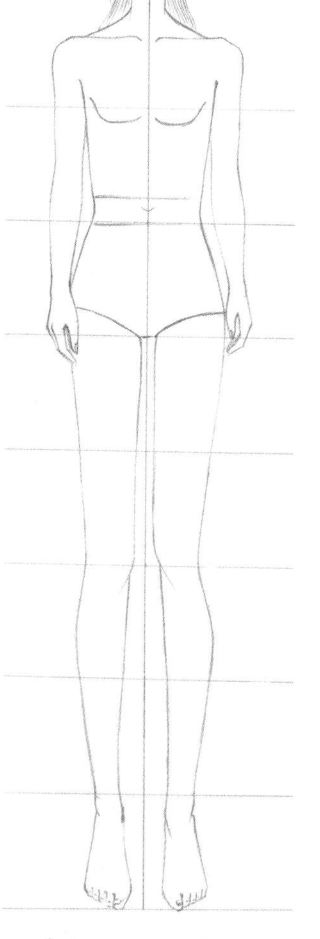

4 根据人体体块的特征，刻画人体的轮廓线条，绘制线条时用笔一定要流畅。

◎ 多种人体线条比例表现

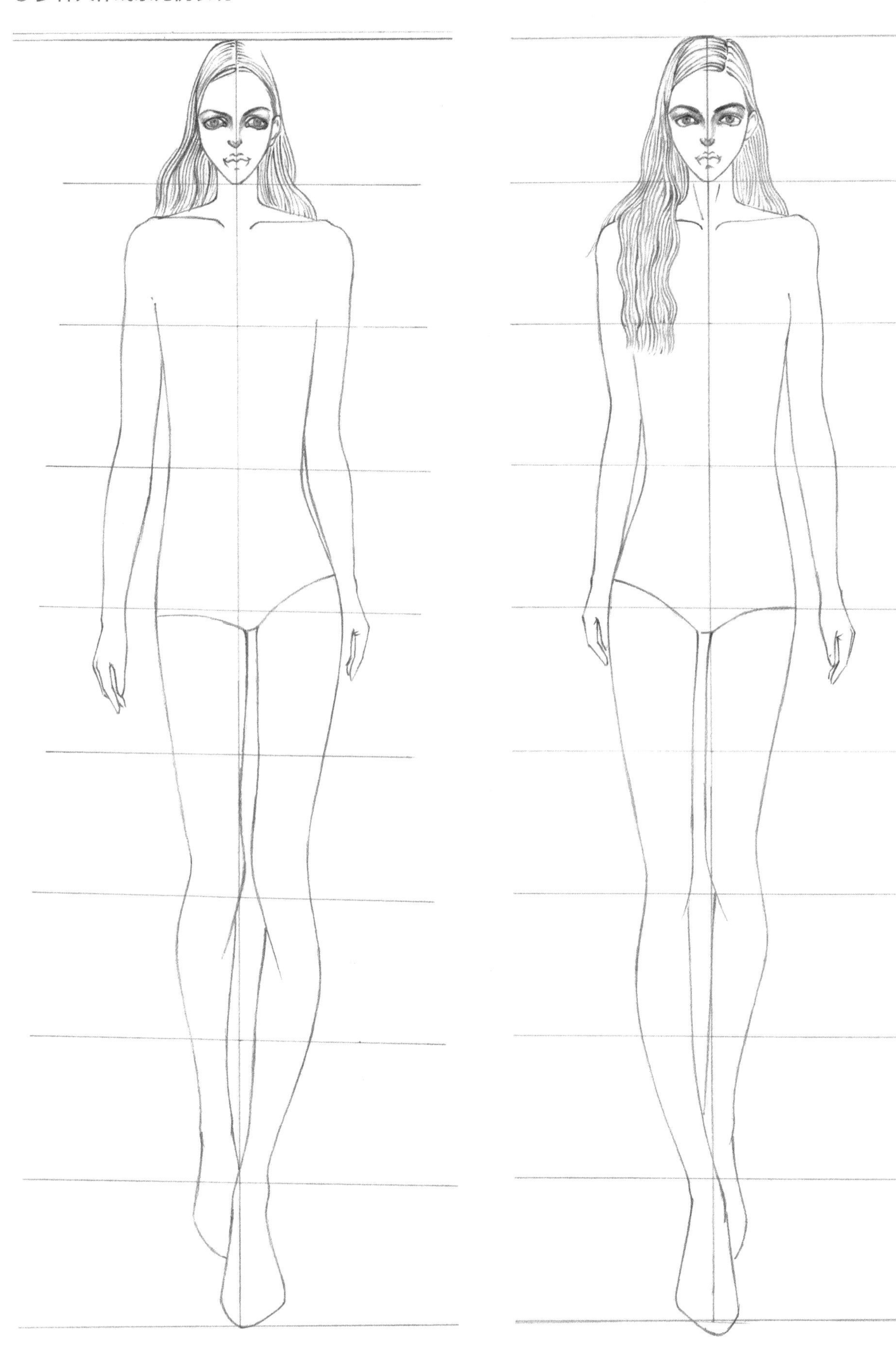

例013 站姿人体动态

站姿人体的表现，主要在于腿部和手部的动态表现。人体的平衡感是用重心线来衡量的，站姿人体腿部动态表现为一条腿作为身体重量的支撑腿，另一条腿处于放松的状态。

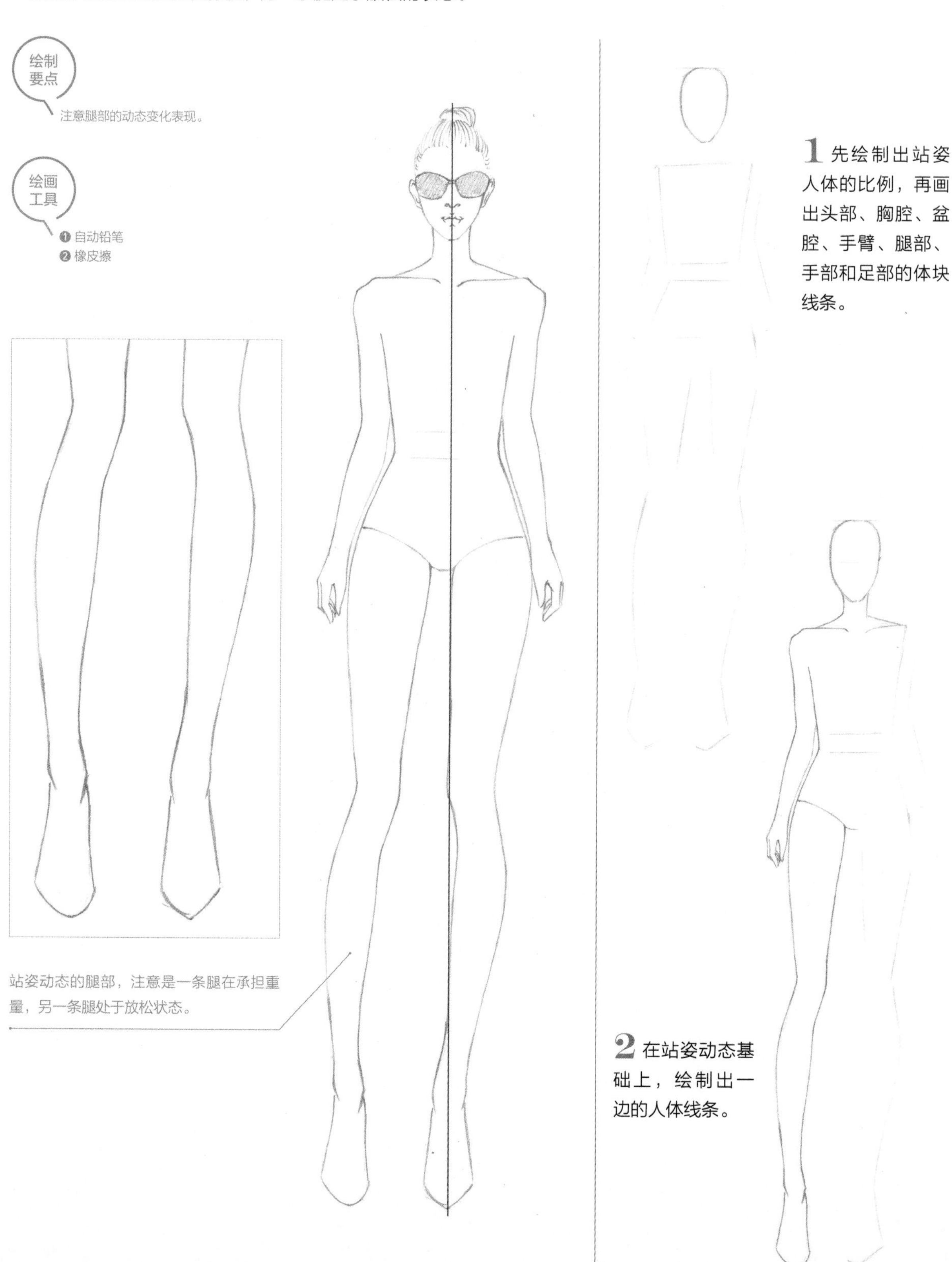

1 先绘制出站姿人体的比例，再画出头部、胸腔、盆腔、手臂、腿部、手部和足部的体块线条。

2 在站姿动态基础上，绘制出一边的人体线条。

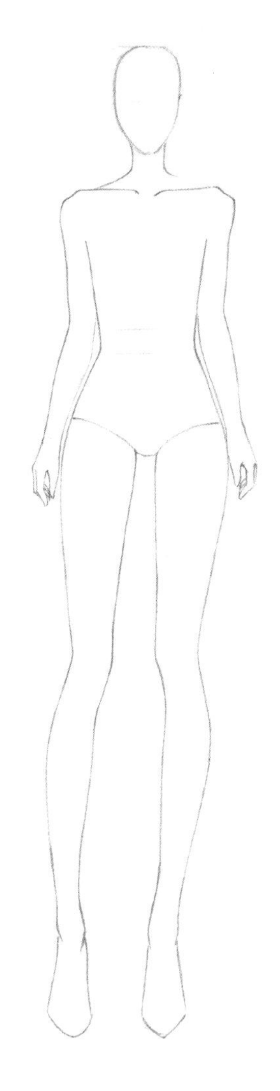

3 绘制出另一边的人体轮廓线条，注意用笔的流畅。

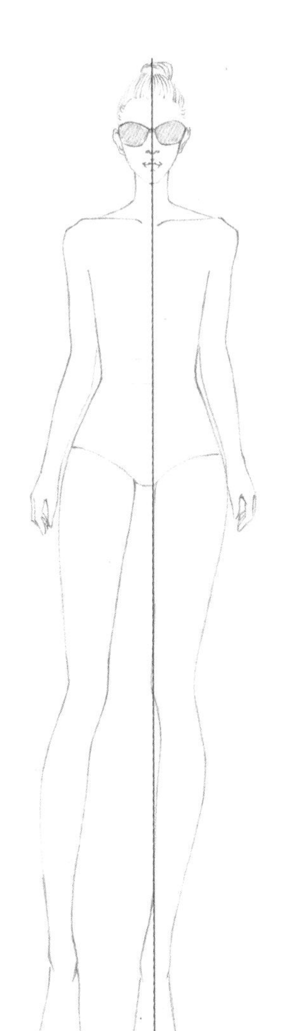

4 刻画面部轮廓、五官、头发和眼睛的细节。

◎ 多种站姿线条表现

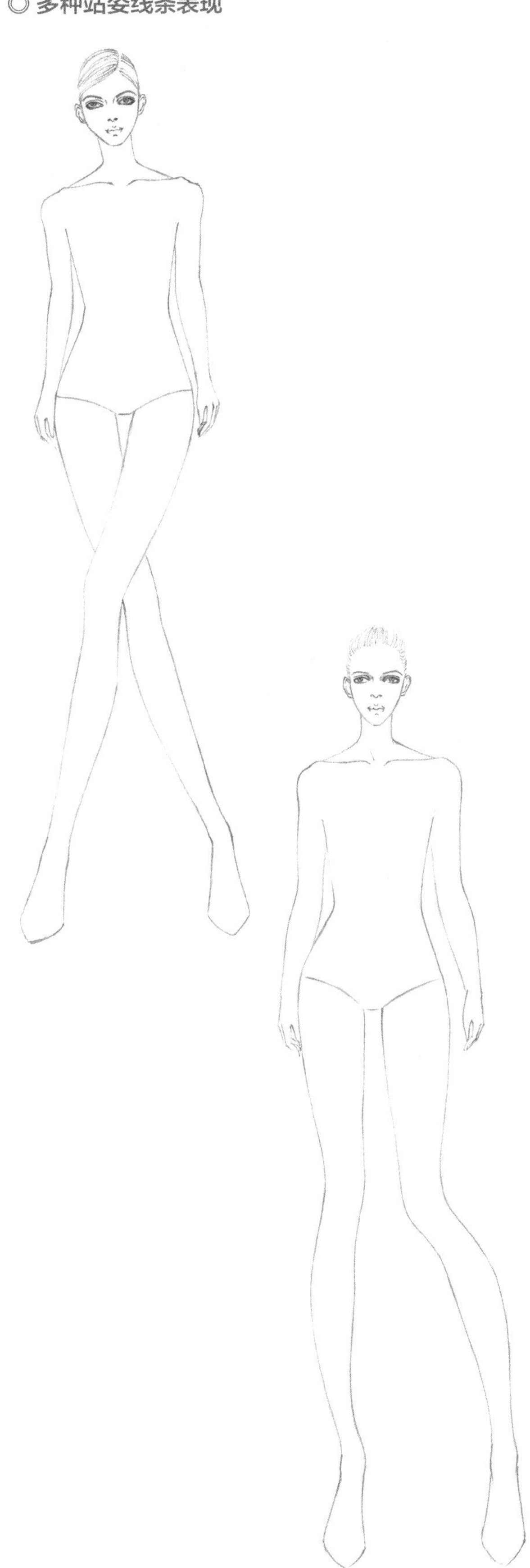

例014 走姿人体动态

走姿人体动态变化较大，胸腔和盆腔都有比较大的摆动，同样也是一条腿处于重心线上，另一条腿处于放松状态。

绘制要点

❶ 胸腔和盆腔体块的动态表现。
❷ 腿部的前后关系以及重心的变化。

绘画工具

❶ 自动铅笔
❷ 橡皮擦

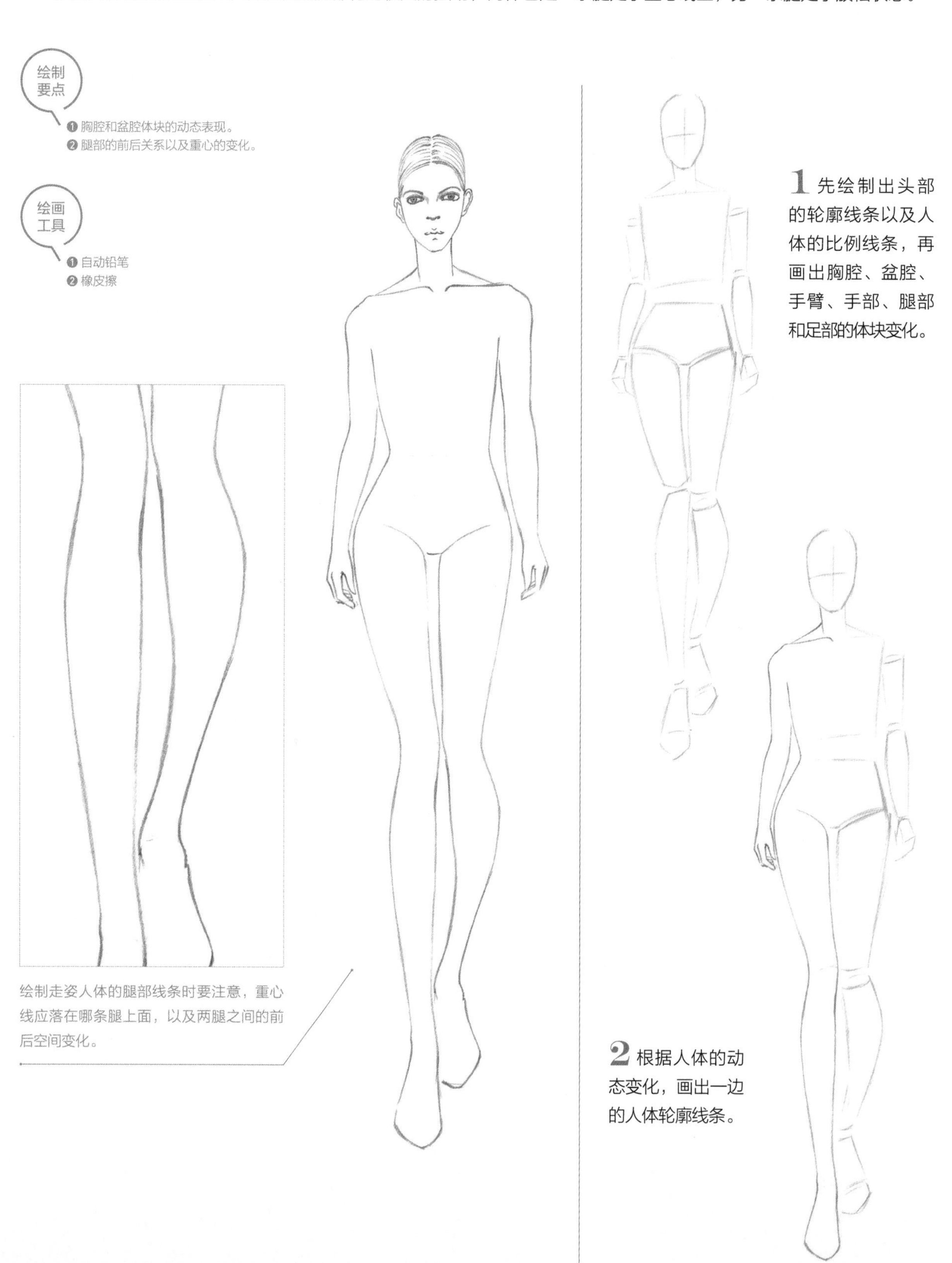

绘制走姿人体的腿部线条时要注意，重心线应落在哪条腿上面，以及两腿之间的前后空间变化。

1 先绘制出头部的轮廓线条以及人体的比例线条，再画出胸腔、盆腔、手臂、手部、腿部和足部的体块变化。

2 根据人体的动态变化，画出一边的人体轮廓线条。

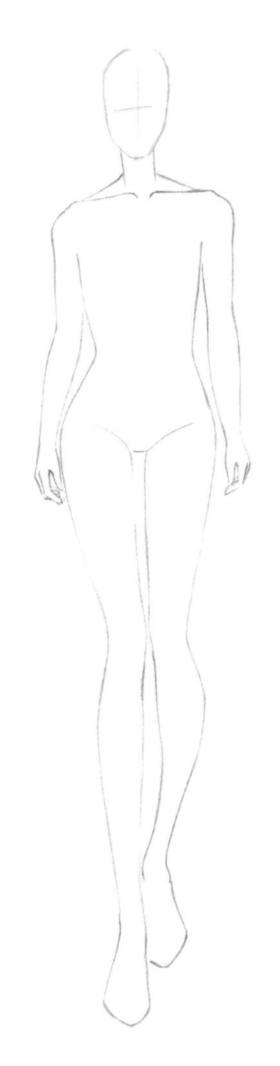

3 画出另一边的人体轮廓线条，注意腿部的空间变化关系。

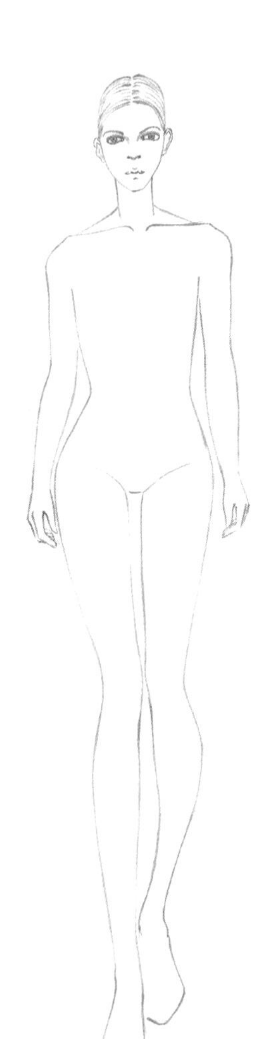

4 画出头部轮廓线条、五官及头发丝的线条。

◎ 多种走姿线条表现

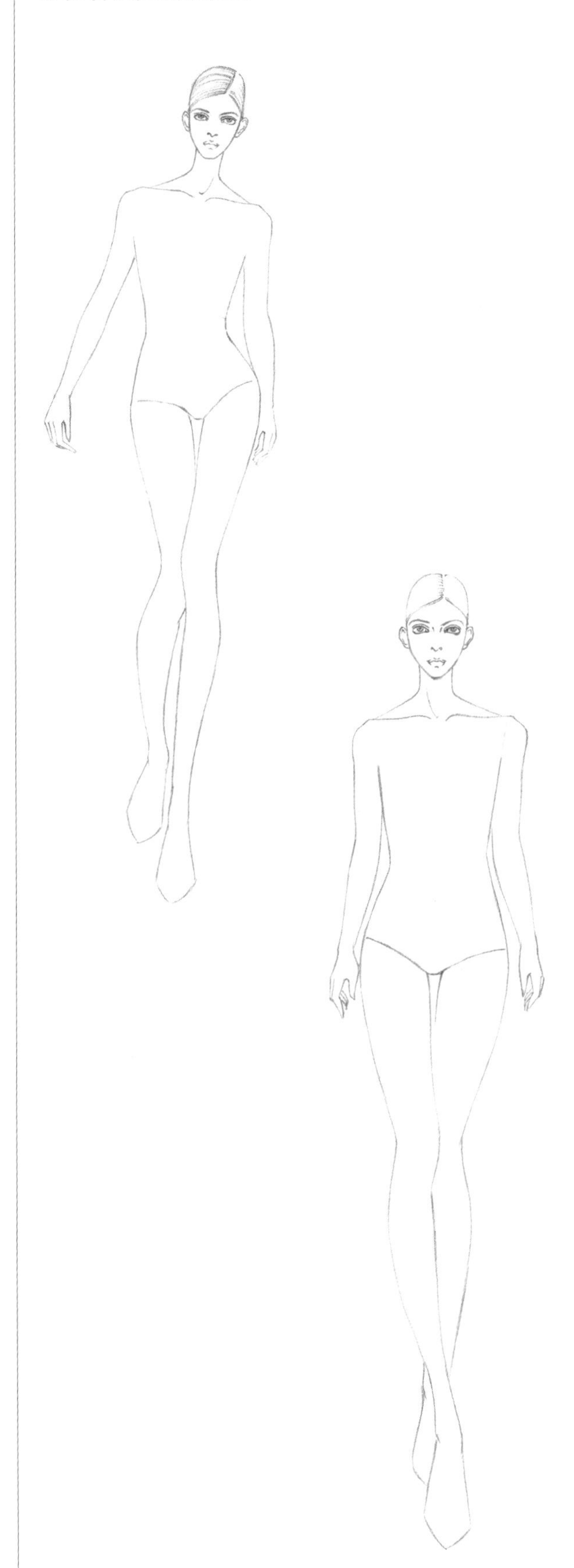

例015 侧面人体动态

侧面人体动态变化弧度最大，胸腔和盆腔体块可表现出最大角度的动态，手臂的摆动以及腿部的走动动态变化也很大。

绘制要点

侧面人体结构的变化以及人体造型的表现。

绘画工具

❶ 自动铅笔
❷ 橡皮擦

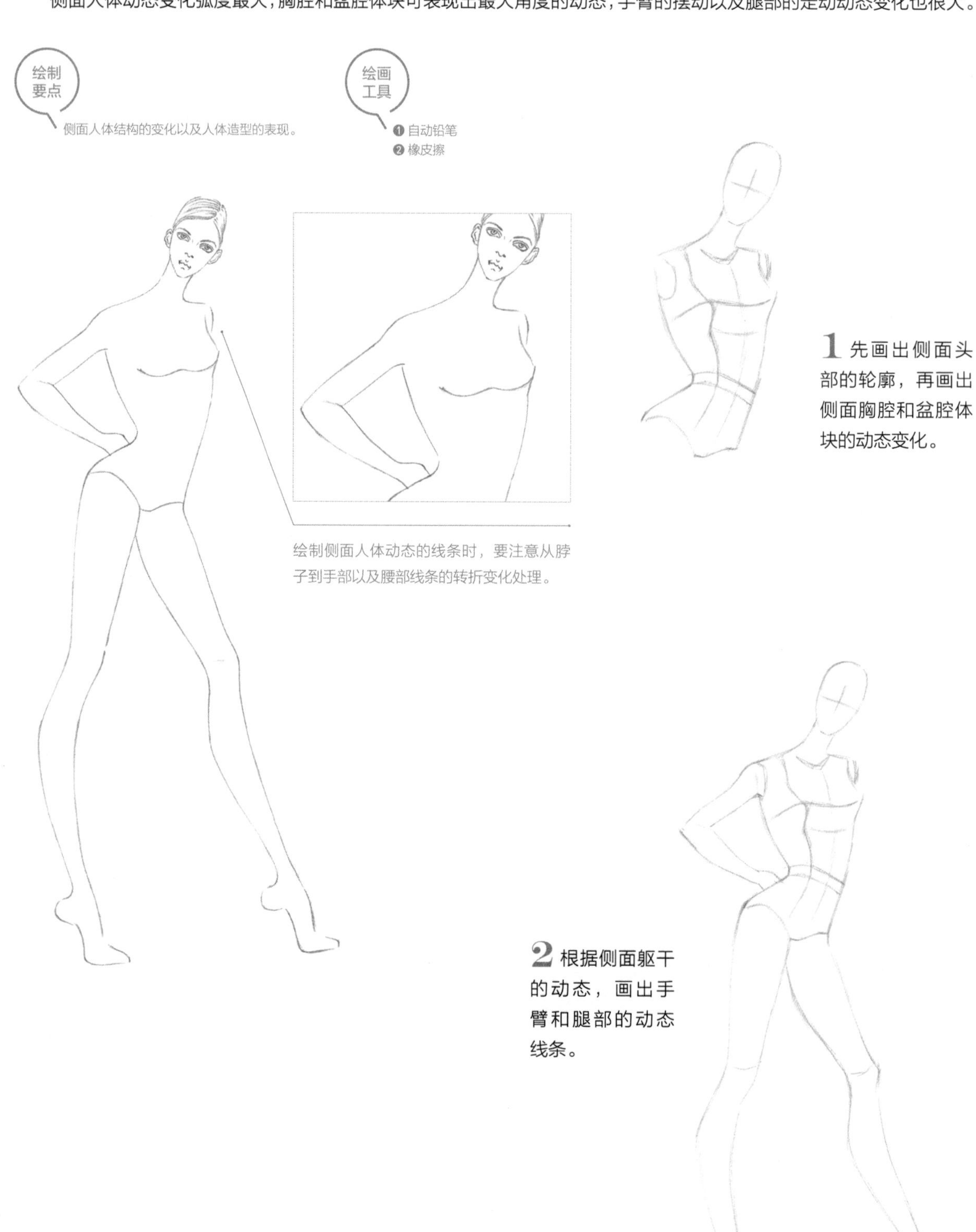

绘制侧面人体动态的线条时，要注意从脖子到手部以及腰部线条的转折变化处理。

1 先画出侧面头部的轮廓，再画出侧面胸腔和盆腔体块的动态变化。

2 根据侧面躯干的动态，画出手臂和腿部的动态线条。

3 先画出面部轮廓和五官的细节线条，再画出头部轮廓以及头发的线条。

4 根据侧面人体的动态，深入刻画侧面人体的外轮廓线条，擦除多余的线条。

◎ 多种侧面线条表现

第2章

服装款式线条表现

服装款式图着重以平面效果图来表现，该方法具有能够快速记录、传达服装特质的优点。款式图应体现出制作工艺的科学性和结构比例的准确性，线条应清晰明了。

例016　女式衬衫

女式衬衫通常采用翻领、收腰、胸部收省以及泡泡袖的造型设计，整体款式适合正式场合。

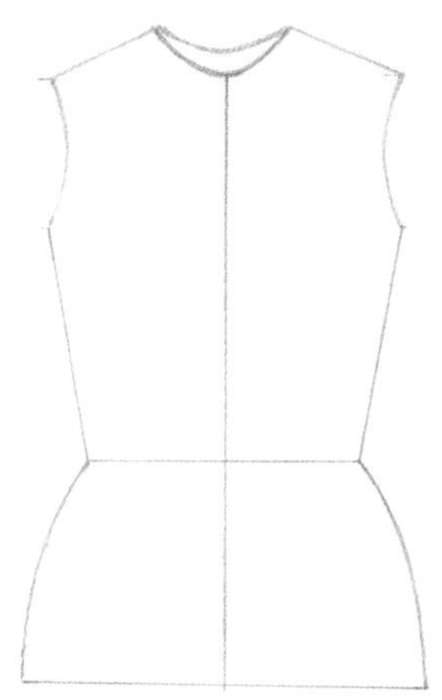

1 先画一条中心线，再画出服装上衣的基准线，注意两边线条的对称。

2 在基准线上面，画出衬衫的整体轮廓线条，注意翻领的线条绘制。

3 在服装外轮廓线条的基础上，画出衬衫的内部装饰线条以及门襟扣子的位置。

4 用自动铅笔深入描绘衬衫的外轮廓线条以及内部的细节，擦除多余的线条。

◎ 多种女式衬衫线条表现

例017 雪纺衫

雪纺衫这类服装的衣身与衬衫的衣身比较相似，主要在于衣领、衣袖以及衣摆的造型变化，雪纺衫通常采用两种以上的面料拼接设计。

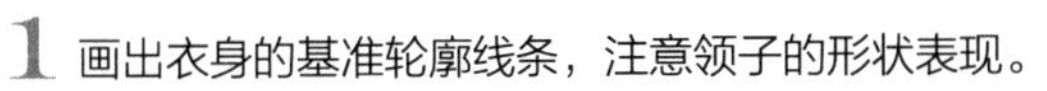

1 画出衣身的基准轮廓线条，注意领子的形状表现。

2 画出衣身的长度，注意袖笼到衣摆的宽度。

3 在衣身的基础上，画出衣袖的形状以及袖口的褶皱线条。

4 画出门襟的细节表现。

◎ 多种雪纺衫线条表现

例018　毛衣

毛衣通常属于宽松式服装款式，毛衣领的造型比较多变，有高领、V领、圆领等多种变化，衣摆的造型变化也比较丰富。

1 画出高领的外轮廓线条以及肩线。

2 画出宽松的衣身以及衣摆的形状线条。

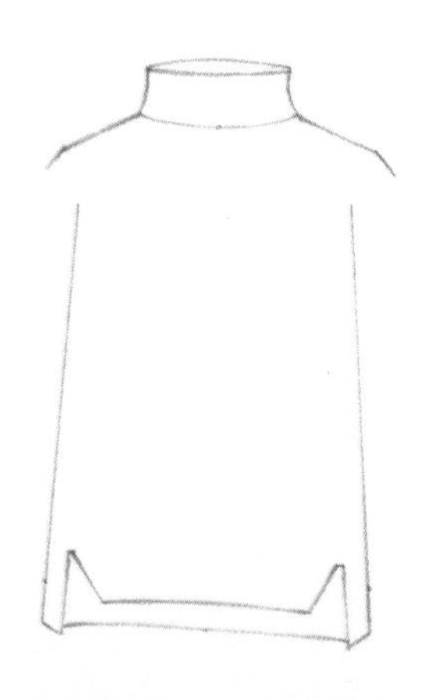

3 画出衣袖的轮廓线条以及袖口的形状线条。

4 画出落肩袖的线条以及体现衣领和袖口面料质感的线条。

◎ 多种毛衣线条表现

例019 半裙

半裙是指裙子的长度只有普通裙子长度的一半左右，一般长及膝盖。半裙的款式变化很丰富，有包裙、伞裙、鱼尾裙、蛋糕裙等多种。

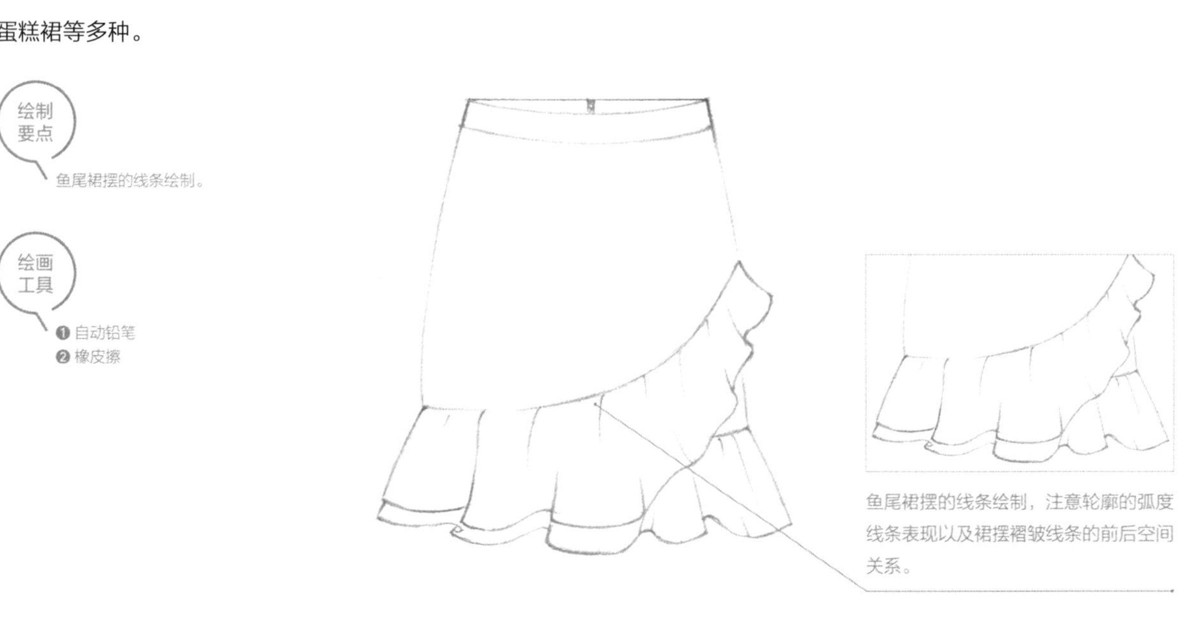

绘制要点

鱼尾裙摆的线条绘制。

绘画工具

❶ 自动铅笔
❷ 橡皮擦

鱼尾裙摆的线条绘制，注意轮廓的弧度线条表现以及裙摆褶皱线条的前后空间关系。

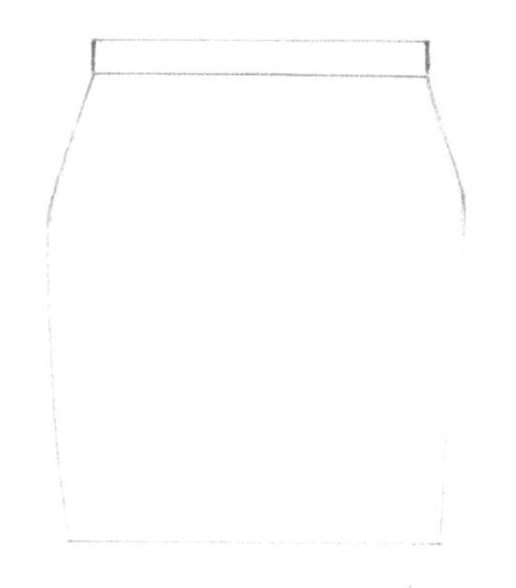

1 先画出半裙的腰线，再画出裙子的基础轮廓线条。

2 在半裙的轮廓线的基础上，绘制出裙腰的形状以及拉链，再绘制出裙子的弧线。

3 根据画好的裙子弧线，画出鱼尾裙摆的线条以及内部的褶皱线条。

◎ 多种半裙线条表现

例020 连衣裙

连衣裙是指上衣身和半裙连在一起的服装，是裙子中的一类，在各种服装款式中被誉为“时尚皇后”，是种类最多、最受青睐的款式。

1 画出衣身的轮廓线条，注意领部的线条表现。

2 绘制出腰部的轮廓线条，然后画出裙摆的线条以及内部分层的褶皱线条。

3 画出衣袖的轮廓线条，再绘制出连衣裙内部的褶皱线条。

◎ 多种连衣裙线条表现

例021 毛呢大衣

毛呢面料又叫毛料，是一种较厚的毛织品，多用来制作外套，服装款式挺括又不失柔软，款式也比较丰富，有短款、中长款、长款、超长款等。

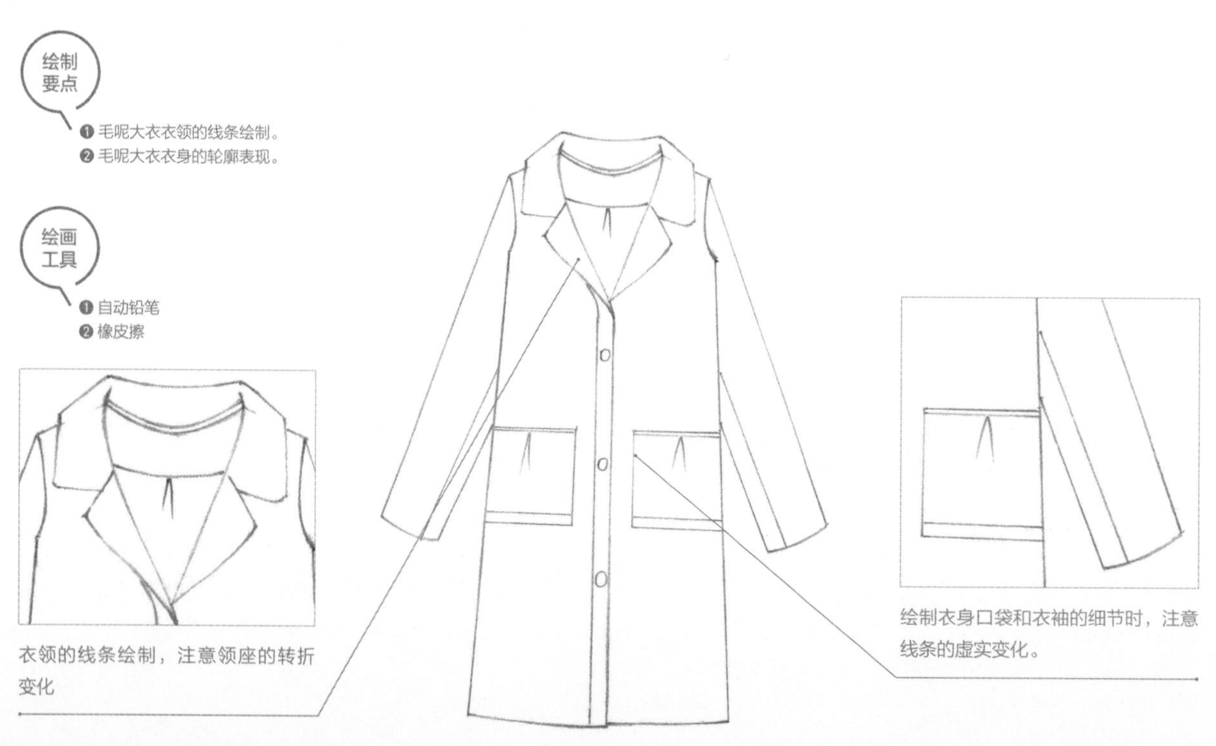

衣领的线条绘制，注意领座的转折变化

绘制衣身口袋和衣袖的细节时，注意线条的虚实变化。

1 画出衣身和半裙的基本轮廓，注意对称表现。

2 在基础轮廓上面，画出毛呢大衣的衣身线条以及衣领的细节线条。

3 根据画好的衣身轮廓线条，画出衣袖的轮廓线条。

4 画出门襟扣子以及口袋的细节线条，最后画出衣袖的分割线条。

◎ 多种毛呢大衣线条表现

例022 外套

外套，又称为大衣，是穿在外面的服装，一般比较宽松，门襟处搭配纽扣或拉链。

绘制要点

牛仔外套的线迹线条以及口袋的绘制。

绘画工具

❶ 自动铅笔
❷ 橡皮擦

绘制牛仔外套领子时，先画出领型的轮廓线条，再绘制出线迹。

口袋线条的绘制，要先画出口袋的外轮廓，注意两边对称表现，再画出细节线条。

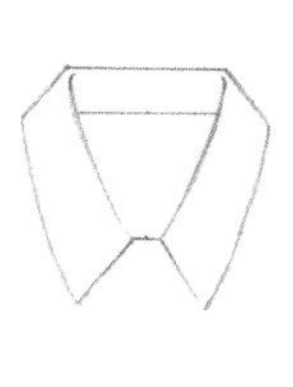

1 画出牛仔外套的领型。

2 根据画出的衣领，画出肩线以及衣袖的轮廓线条。

3 画出牛仔外套的衣身的轮廓线条以及门襟的线条。

4 在画好的牛仔外套的轮廓的基础上，画出口袋的形状，最后画出线迹。

◎ 多种外套线条表现

例023 短裤

短裤是指一种超短的紧身或者宽松的裤子，短裤的款式类型的变化主要在于口袋、门襟、裤摆、腰部等位置的处理。

1 画出腰部的轮廓线条。

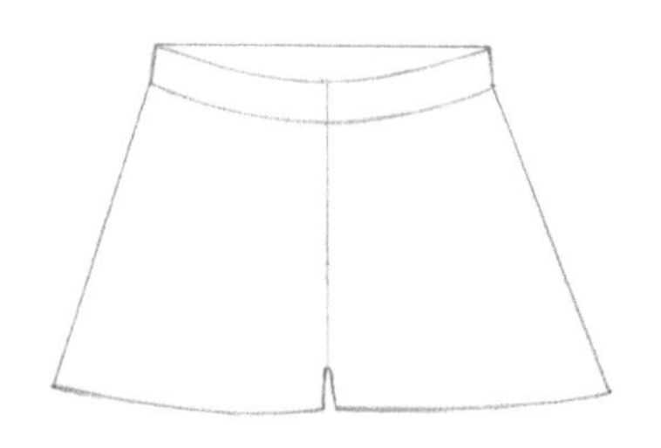

2 先画出门襟中线，再画出裤摆的形状。

3 在画好的短裤外轮廓线条上，画出门襟、口袋以及分割线条，最后画出线迹。

◎ 多种短裤线条表现

例024 牛仔裤

牛仔裤是一种外穿的长裤，裤口门襟装拉链，前衣裤左右各安装一个斜插袋，后衣裤安装两个贴袋，腰部、门襟、口袋位置都有明线装饰。

牛仔裤的门襟以及口袋位置细节线条处理。

❶ 自动铅笔
❷ 橡皮擦

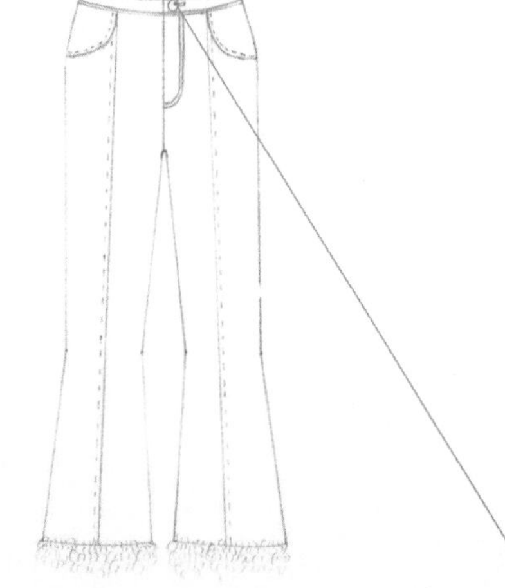

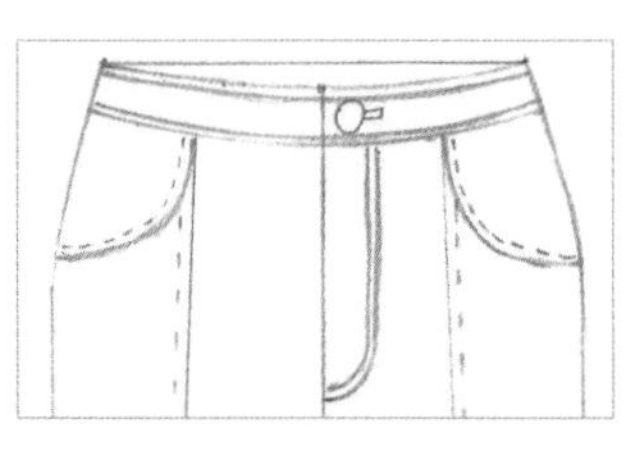

牛仔裤的线条表现，先画出裤子的轮廓以及门襟和口袋的细节，再画出明线装饰。

1 画出腰头的轮廓线条。

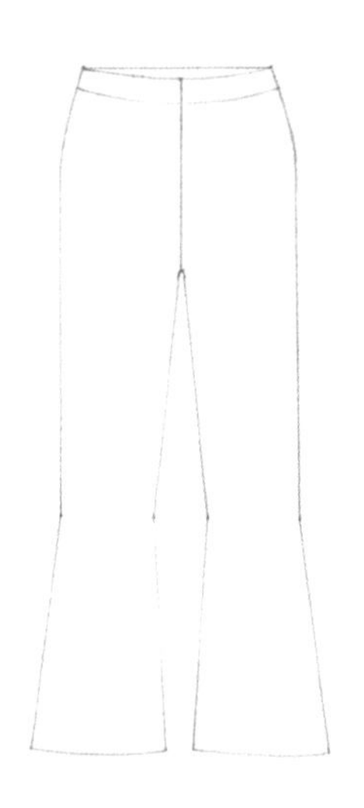

2 先画出门襟位置的线条，再画出牛仔裤的外轮廓线条。

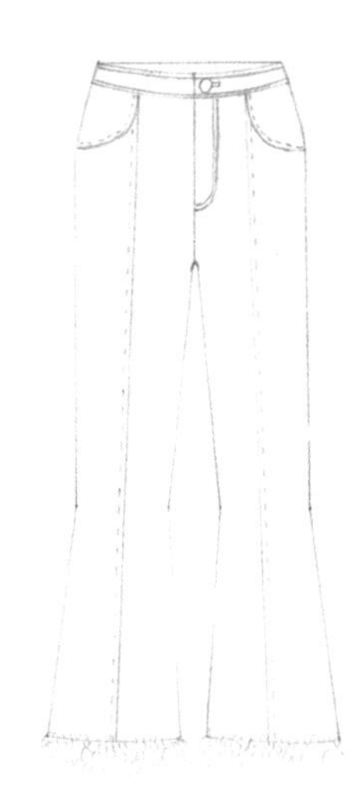

3 在画出的牛仔裤轮廓的基础上，画出门襟细节线条、口袋、纽扣以及分割线，最后画出明线装饰以及裤摆的虚线。

◎ 多种牛仔裤线条表现

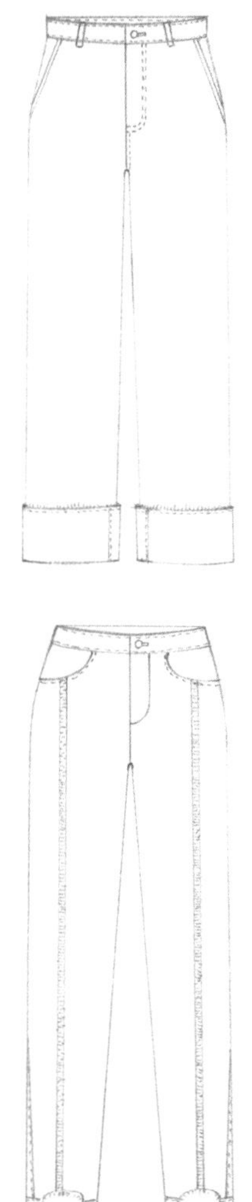

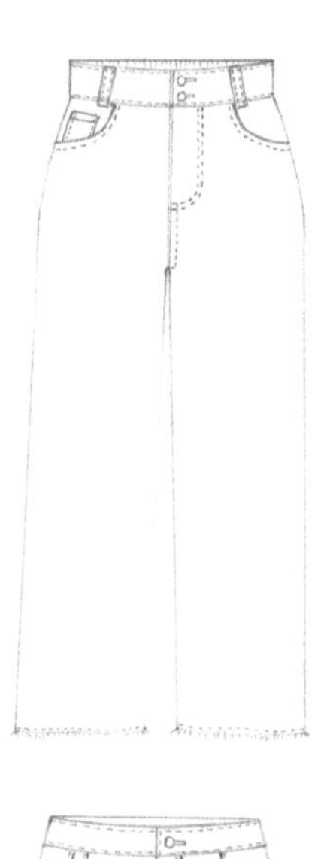

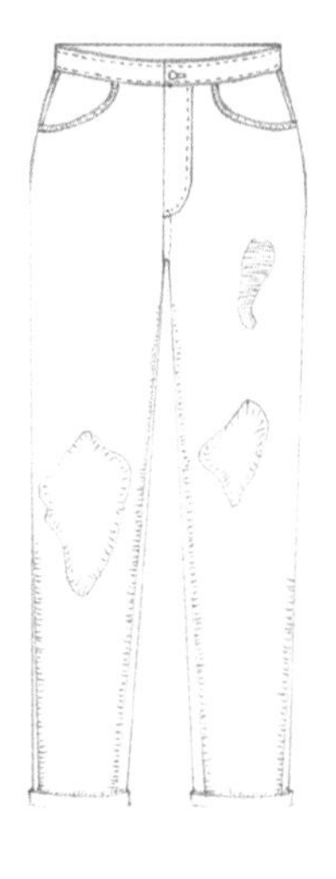

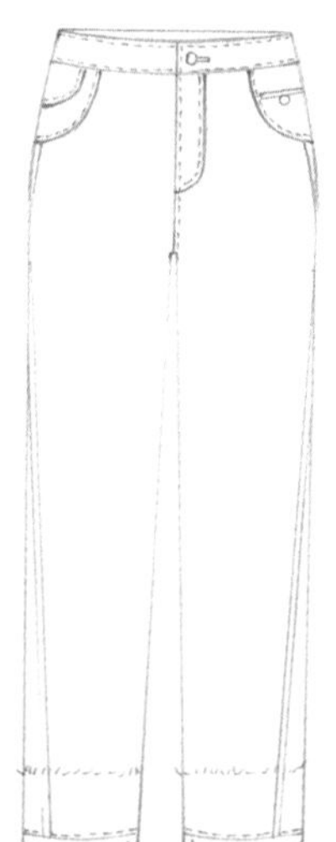

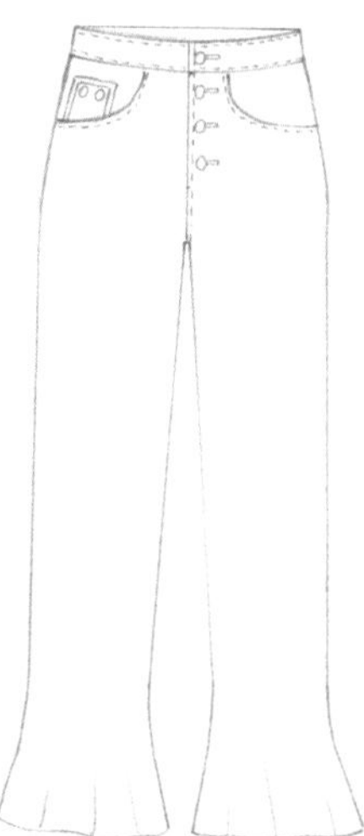

例025 休闲裤

休闲裤属于比较休闲随意类型的裤子。休闲裤的版型都比较宽松，面料舒适，款式简约百搭。

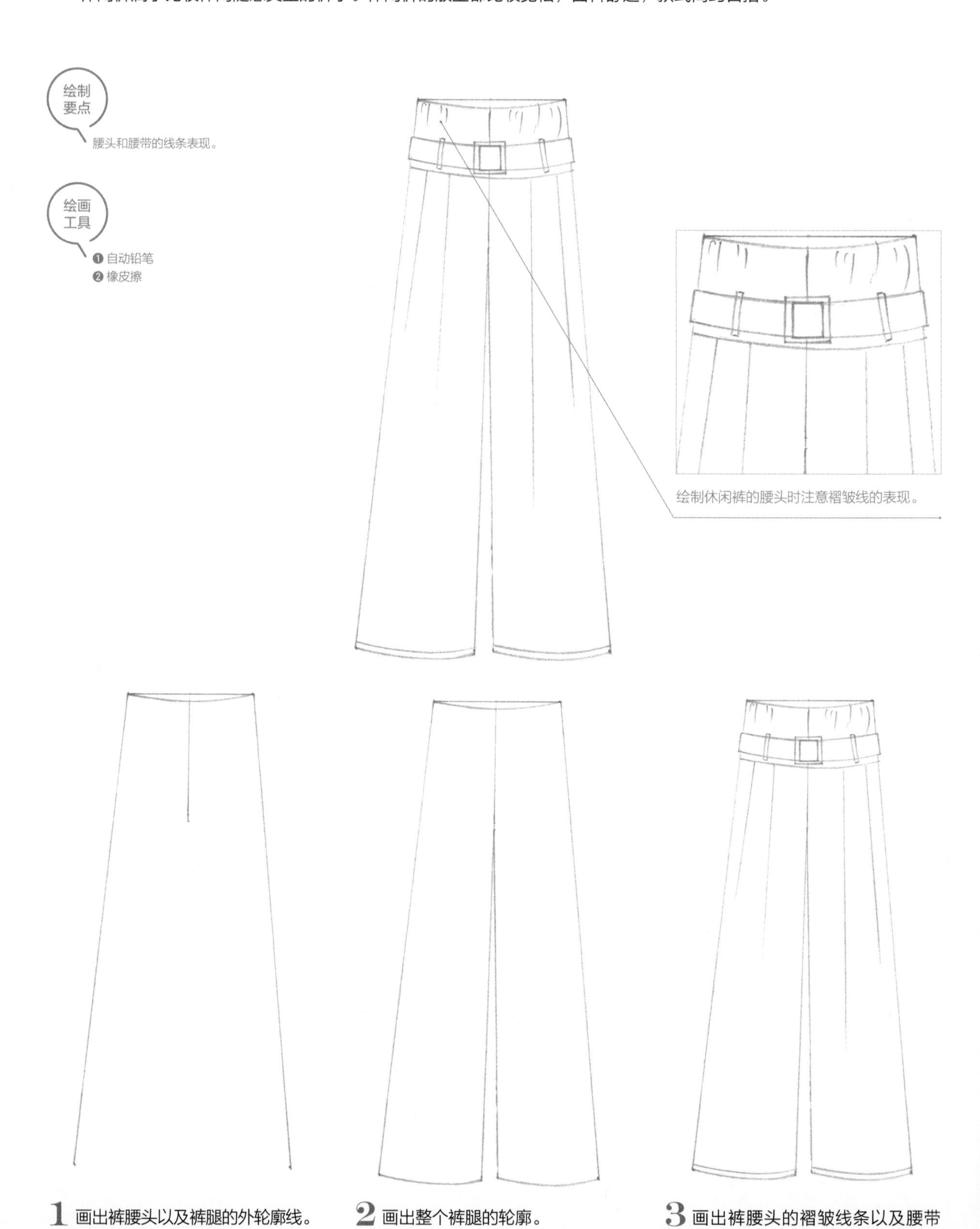

1 画出裤腰头以及裤腿的外轮廓线。

2 画出整个裤腿的轮廓。

3 画出裤腰头的褶皱线条以及腰带的形状，最后画出裤身的收褶线条。

◎ 多种休闲裤线条表现

中篇

上色表现

第3章

时 装 质 感 手 绘 表 现

如果能在时装画中将面料的质感更好地表现出来，则更有利于表现服装的整体效果。面料的质感主要是通过造型、叠色以及笔触来表现，光影的变化也有助于表现面料质感。

例026 薄纱面料

薄纱面料是指比较轻、薄、透的面料的总称，不同的薄纱面料会形成不同的视觉效果。

1 用黑色毛笔勾勒薄纱面料的服装款式图，注意褶皱线条的表现。

2 用G169号色马克笔画出面料的底色，亮面留白处理。

3 用G161号色马克笔加深褶皱线位置的阴影，丰富颜色层次感。

例027 针织面料

针织面料的质感基础是由线圈构成的，因此面料质感比较柔软，在表现针织面料的质感时通常采用长短以及弧度不同的曲线。

绘制要点

针织面料的质感线条绘制。

绘画工具

❶ 黑色毛笔
❷ 千彩乐马克笔
❸ 高光笔

绘画颜色

G103 G169

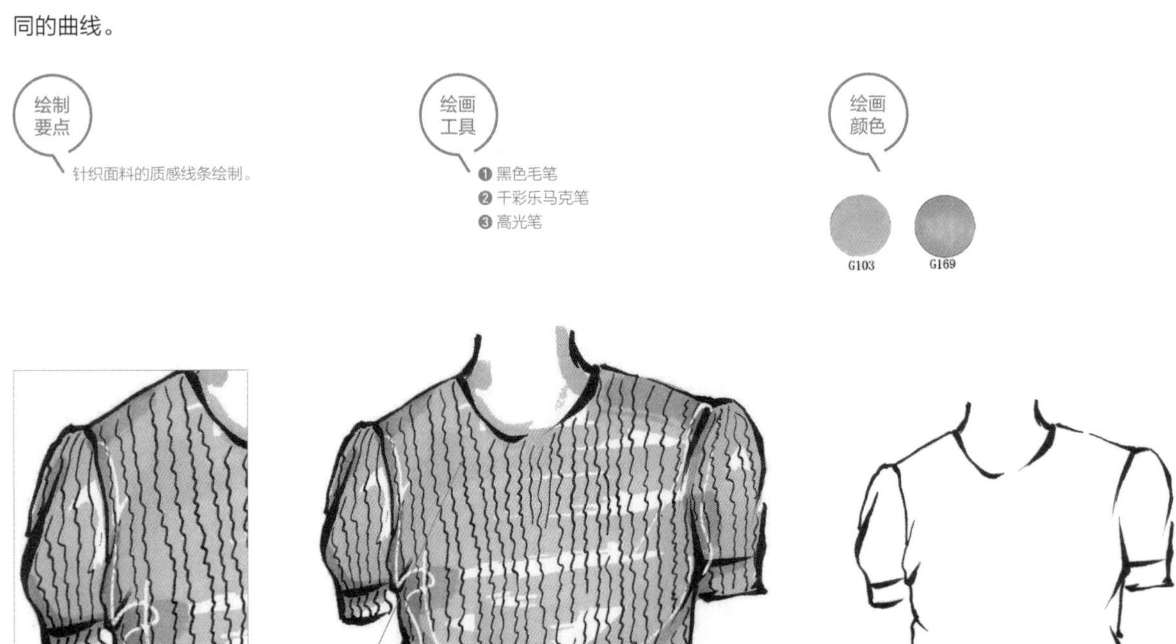

针织面料上色，先表现面料颜色的明暗变化，再用黑色毛笔画出长短不一的曲线质感。

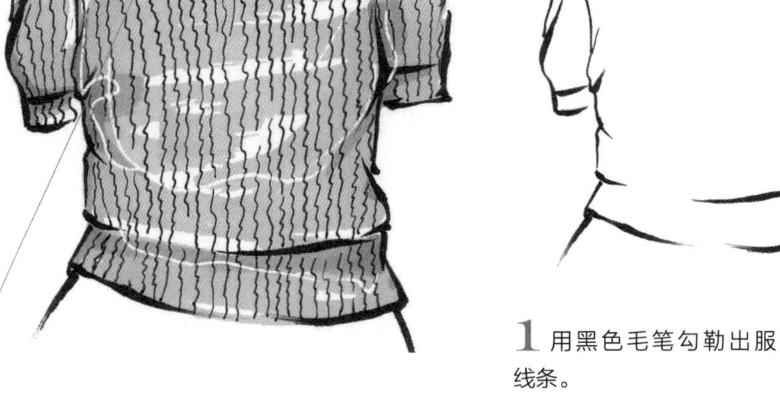

1 用黑色毛笔勾勒出服装的轮廓线条。

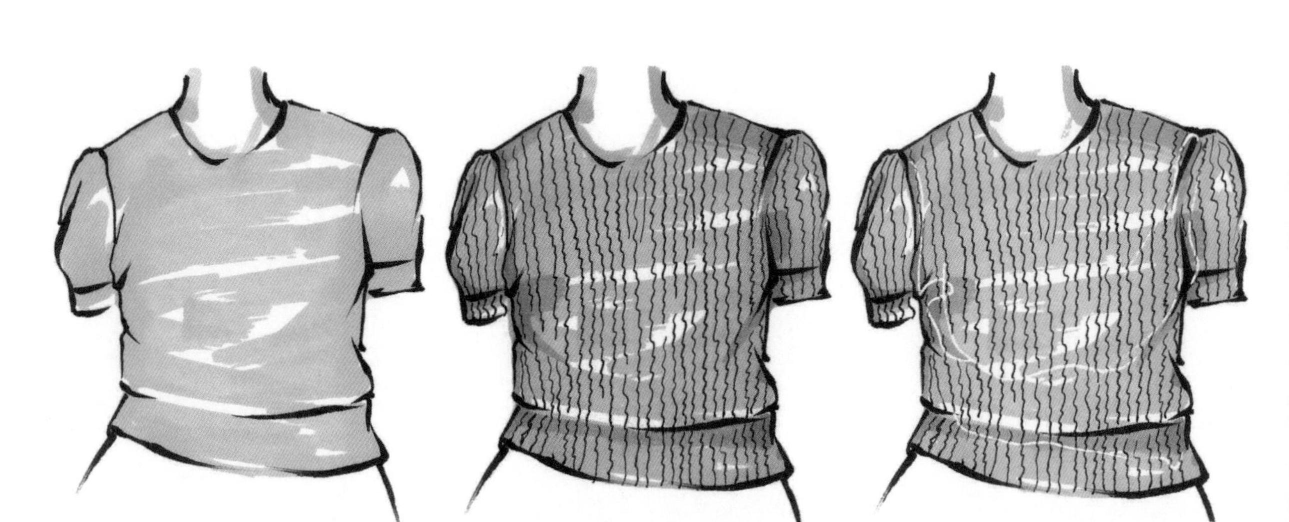

2 用G103号色马克笔平铺衣服的底色。

3 用G169号色马克笔加深暗面，再用黑色毛笔勾勒质感线条。

4 用高光笔画出针织面料的高光。

例028 蕾丝面料

蕾丝面料是一种常见的特殊面料，其精美的花型能够快速形成视觉焦点，穿上之后可形成一种若影若现的神秘美感。

绘制要点

蕾丝纹理的细节表现。

绘画工具

❶ 黑色毛笔
❷ 干彩乐马克笔
❸ 高光笔

绘画颜色

NG4　NG8　G201

蕾丝面料可通过半露半掩的效果产生一种神秘美感。

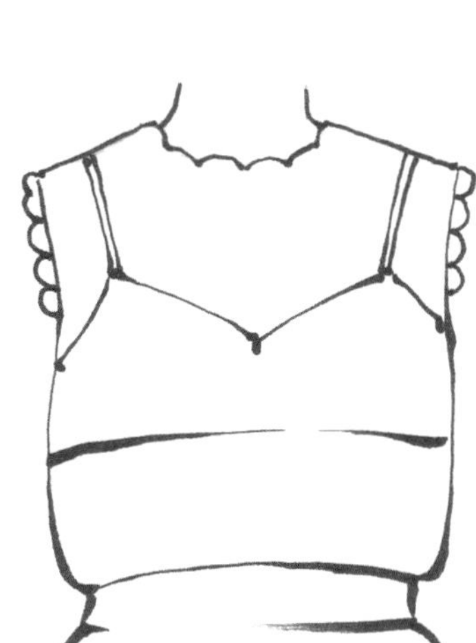

1 用黑色毛笔勾勒出服装的款式线条。

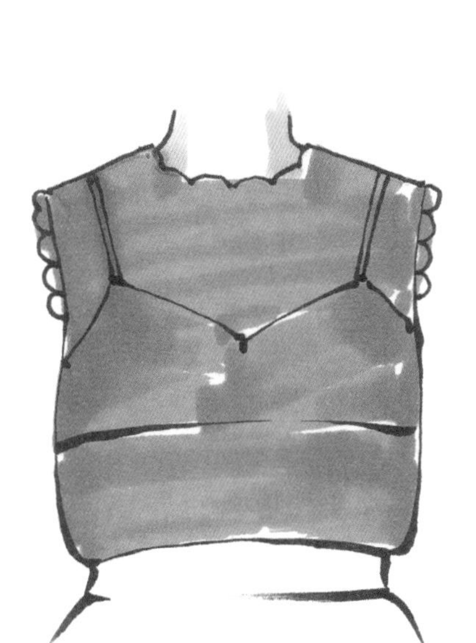

2 用NG4号色马克笔平铺服装的底色。

3 用NG8号色马克笔平铺吊带的暗面以及背心的暗面颜色，再用G201号色马克笔勾勒出蕾丝形状线条。

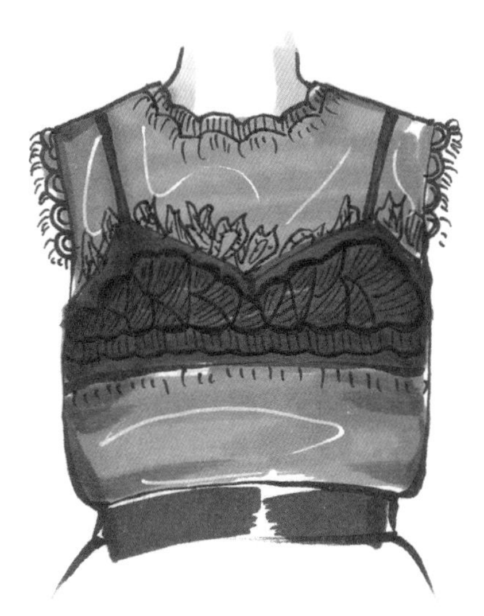

4 用高光笔画出服装的高光。

例029 格纹面料

格纹是时尚界里面永不过时的经典面料元素，格纹面料通过不同的色块组合，经由不同的笔触表现能够形成多样的艺术风格。

格子面料的层次效果表现。

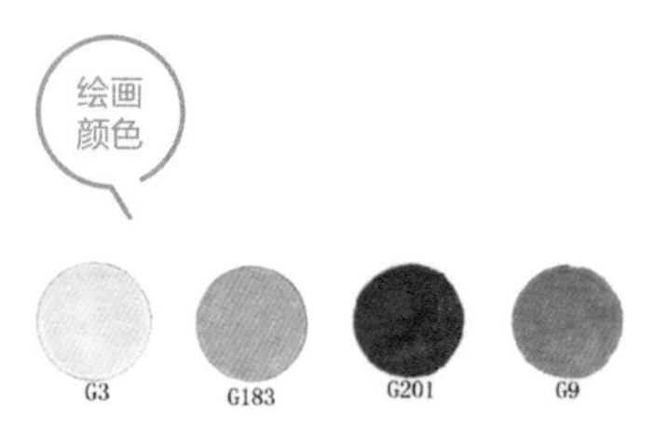

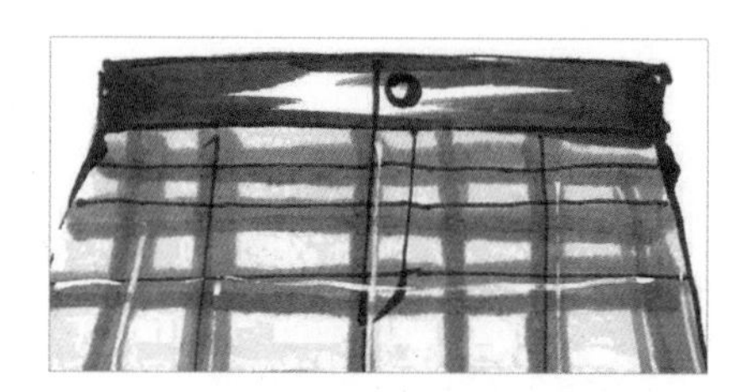

格子面料的层次效果是通过多种颜色叠加绘制产生的。

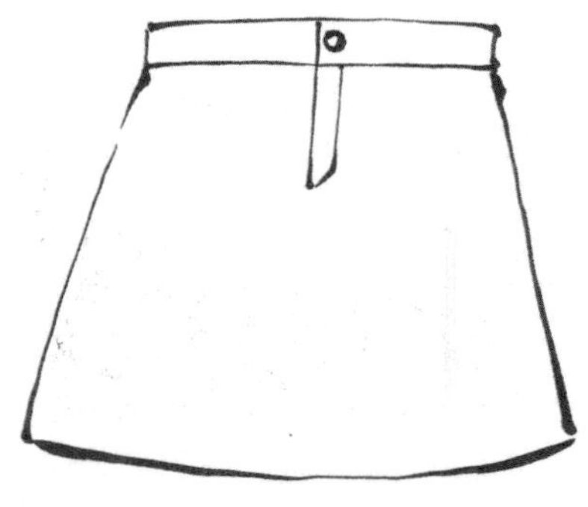

1 用黑色毛笔勾勒出服装的款式线条。

2 用G3号色马克笔平铺裙子的底色，再用G183号色马克笔画出格子的线条，最后用G201号色马克笔画出腰带的固有色。

3 先用G9号色马克笔画出格纹线条的暗面，再用高光笔画出高光。

例030 波点面料

波点属于一种特殊的面料肌理，通过不同大小、不同颜色的圆点均匀地排列形成多种视觉效果，波点面料也是一种常见的服装面料。

1 用黑色毛笔画出服装款式线条。

2 用NG4号色和NG8号色马克笔画出衣服的底色。

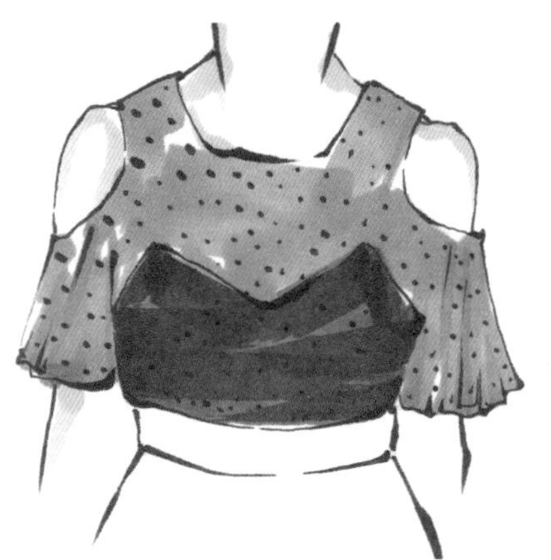

3 用G201号色马克笔加深暗面颜色，再用尖头点缀出波点颜色。

4 用高光笔点缀出白色图案，最后画出衣服的高光。

例031 灯芯绒面料

灯芯绒面料是表面形成纵向绒条的棉织物面料，因绒条像一根根灯芯草而得名。灯芯绒面料质地厚实，保暖性好。

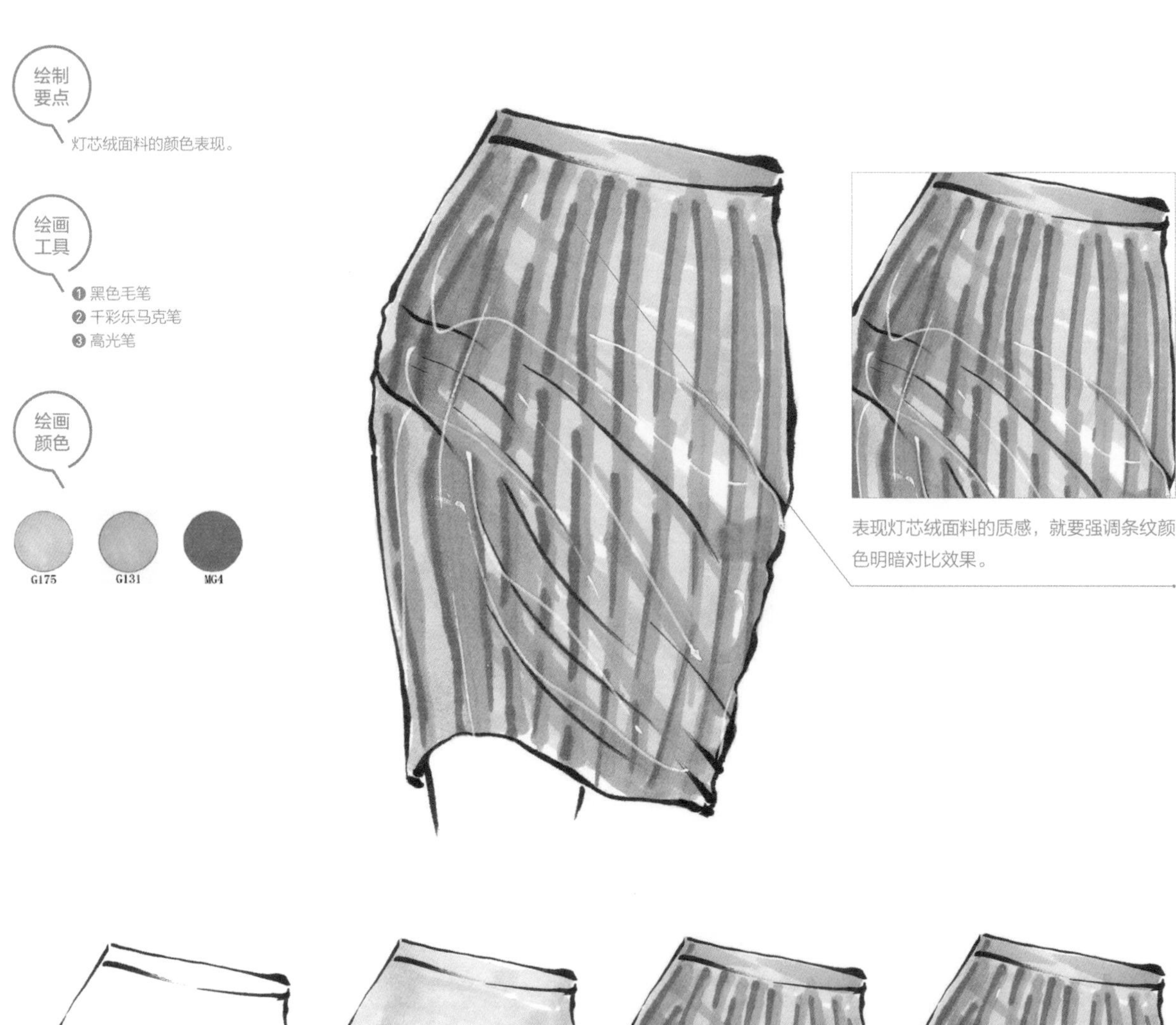

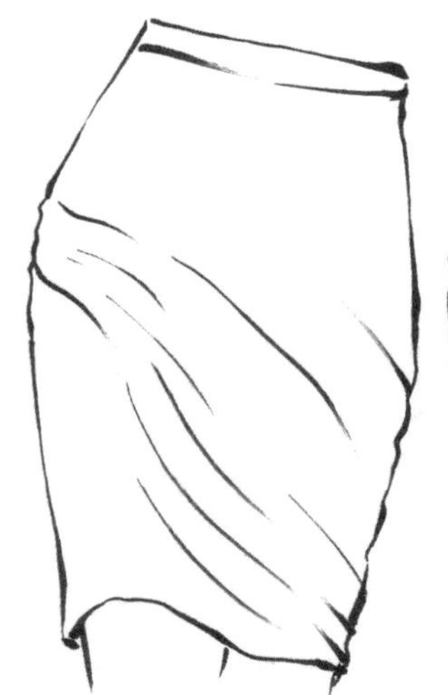

1 用黑色毛笔勾勒裙子的轮廓线条以及褶皱线。

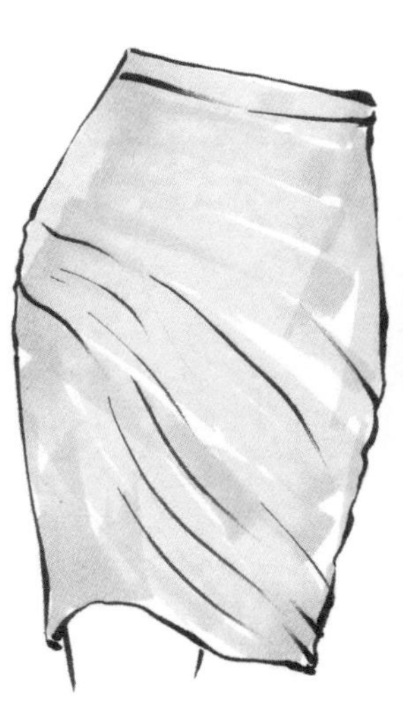

2 用G175号色马克笔平铺半裙的底色。

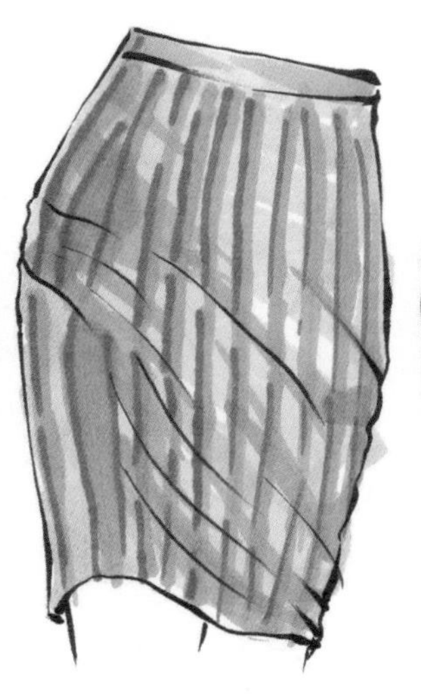

3 先用G131号色马克笔画出条纹的固有色，再用MG4号色马克笔加深条纹颜色的暗面。

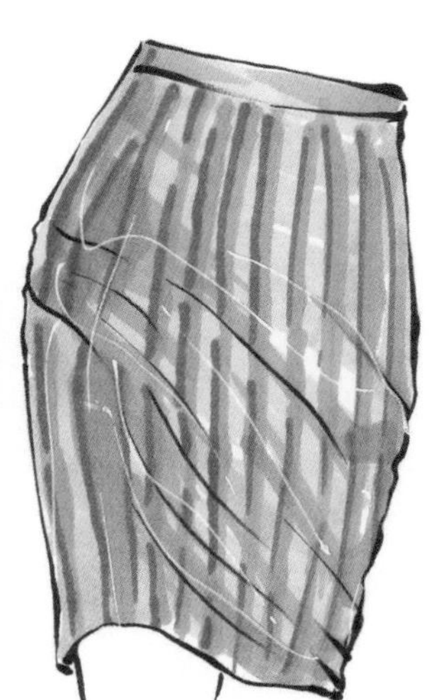

4 用高光笔画出灯芯绒半裙的高光。

例032 数码印花面料

数码印花越来越受到时装设计师的青睐，这种技术可以方便地表现出层次质感以及图案的多样性，可以设计出更加丰富多彩的服装款式。

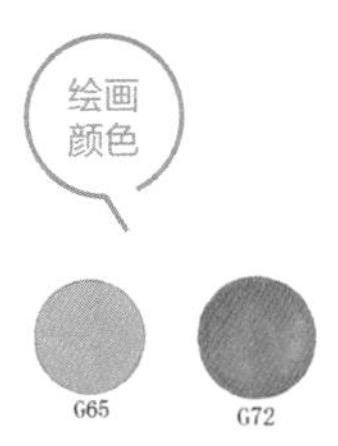

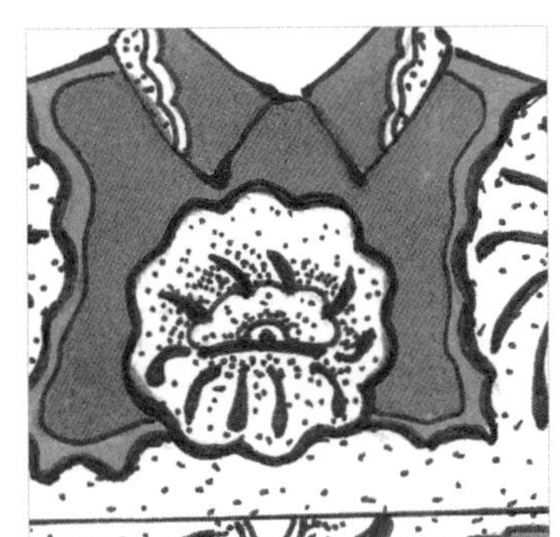

数码印花主要是通过针管笔勾勒出的粗细变化的形状来表现的。

1 用黑色毛笔勾勒衣服的轮廓以及内部的图案。

2 用G65号色和G72号色马克笔画出衣服的固有色。

3 用黑色针管笔画出服装的内部细节图案。

例033 花卉图案面料

花卉图案面料也称为花朵面料，主要采用花朵进行点缀，面料质感比较轻薄，颜色比较亮丽清晰，非常适合制作礼服。

面料的质感颜色表现。

❶ 黑色毛笔
❷ 千彩乐马克笔
❸ 高光笔

绘画
颜色

G153 G72

G70

花卉图案面料的颜色都比较亮丽，绘制出面料的底色以及花卉的明暗颜色即可。

1 先用黑色毛笔勾勒出服装的外轮廓线条以及内部褶皱线，再画出花卉图案的形状。

2 用G70号色和G72号色马克笔画出花朵的明暗颜色，再用G131号色和G153号色马克笔画出叶子颜色的明暗变化。

3 先用G103号色马克笔平铺上衣的底色以及裙摆的暗面，再用G169号色马克笔画出衣服的暗面，然后用G161号色马克笔画出裙摆的固有色，最后用黑色毛笔点缀裙摆和腰部的颜色，并用高光笔画出高光。

例034 豹纹面料

豹纹面料也称为图案面料，直接借用动物皮毛的图案进行面料设计，豹纹面料用在服装设计上能表现出性感和野性等时尚元素。

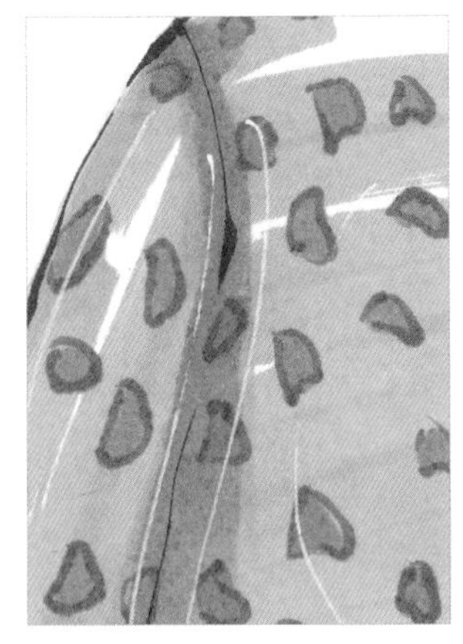

豹纹面料上色，先画出底色，再用更深的颜色画出面料的质感。

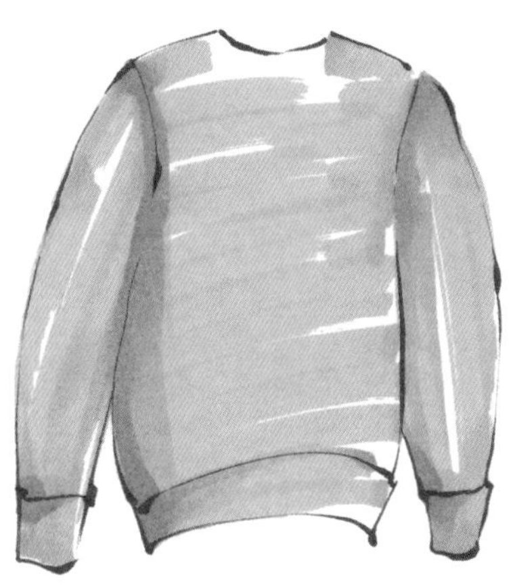

1 用黑色毛笔勾勒服装的款式线条。

2 用G92号色马克笔平铺衣服的底色。

3 先用G177号色马克笔勾勒图案的轮廓，再用G170号色马克笔填充图案的颜色，最后用高光笔画出衣服的高光。

例035 牛仔面料

牛仔面料是一种质地厚实、耐磨性强的面料，这种面料最大的特点在于面料表面的斜纹纹理。牛仔面料的质感可以通过明暗颜色以及叠色进行表现。

牛仔面料的纹理质感以及线迹表现。

❶ 黑色毛笔
❷ 千彩乐马克笔
❸ 高光笔

G183

G9

G16

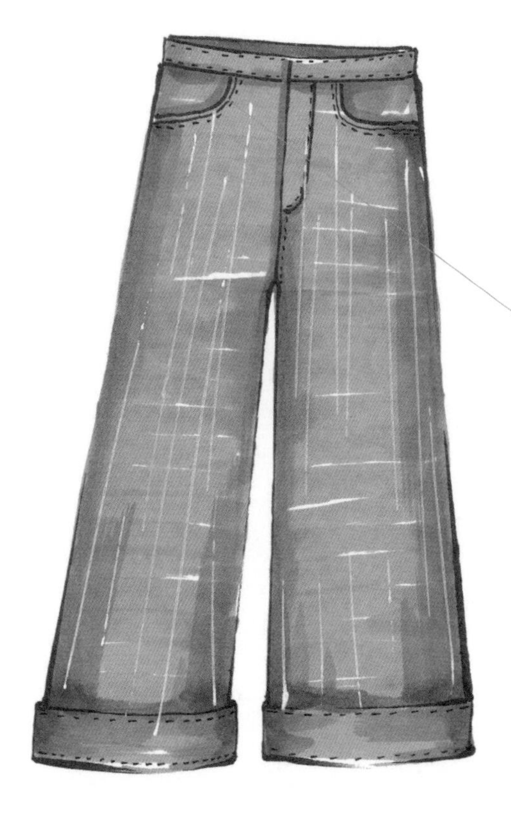

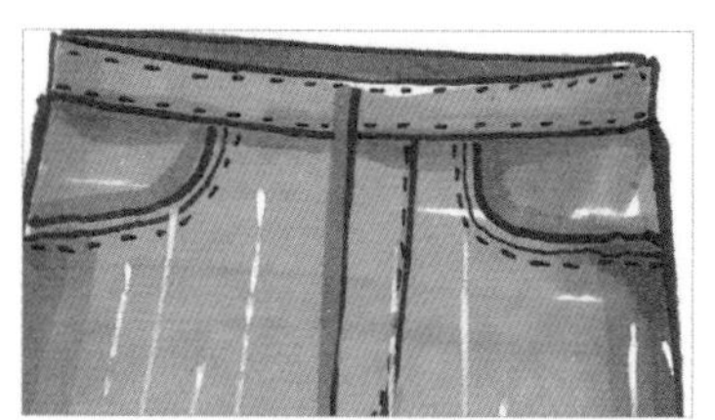

牛仔裤腰头以及口袋的装饰线迹的表现能够突出面料的质感。

1 用黑色毛笔勾勒裤子的轮廓线条以及内部细节。

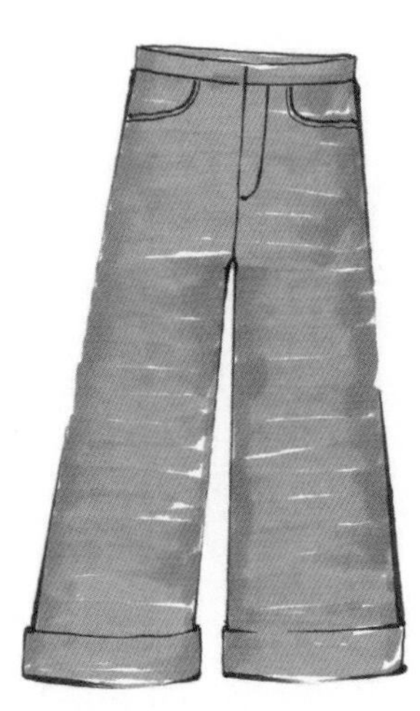

2 用G183号色马克笔平铺裤子的底色。

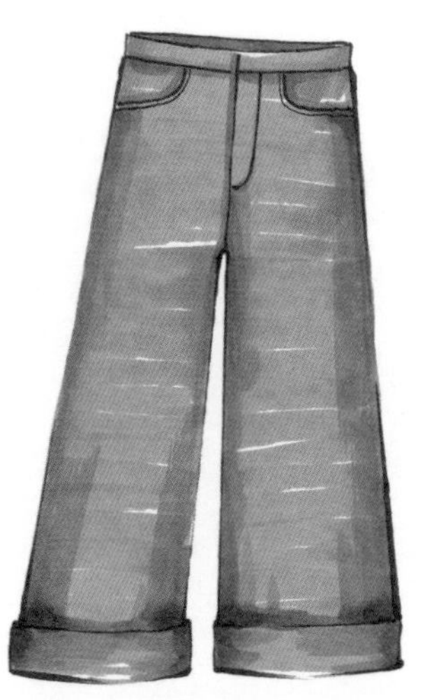

3 先用G9号色马克笔加深裤子的暗面，再用G16号色马克笔加深暗部颜色。

4 用黑色马克笔点缀出装饰线迹的线条，再用高光笔画出牛仔裤的表面纹理。

例036 皮革面料

皮革面料具有自然的光泽效果，面料手感舒适。表现皮革面料的光泽感时，还要注重表现皮革面料的厚重感。

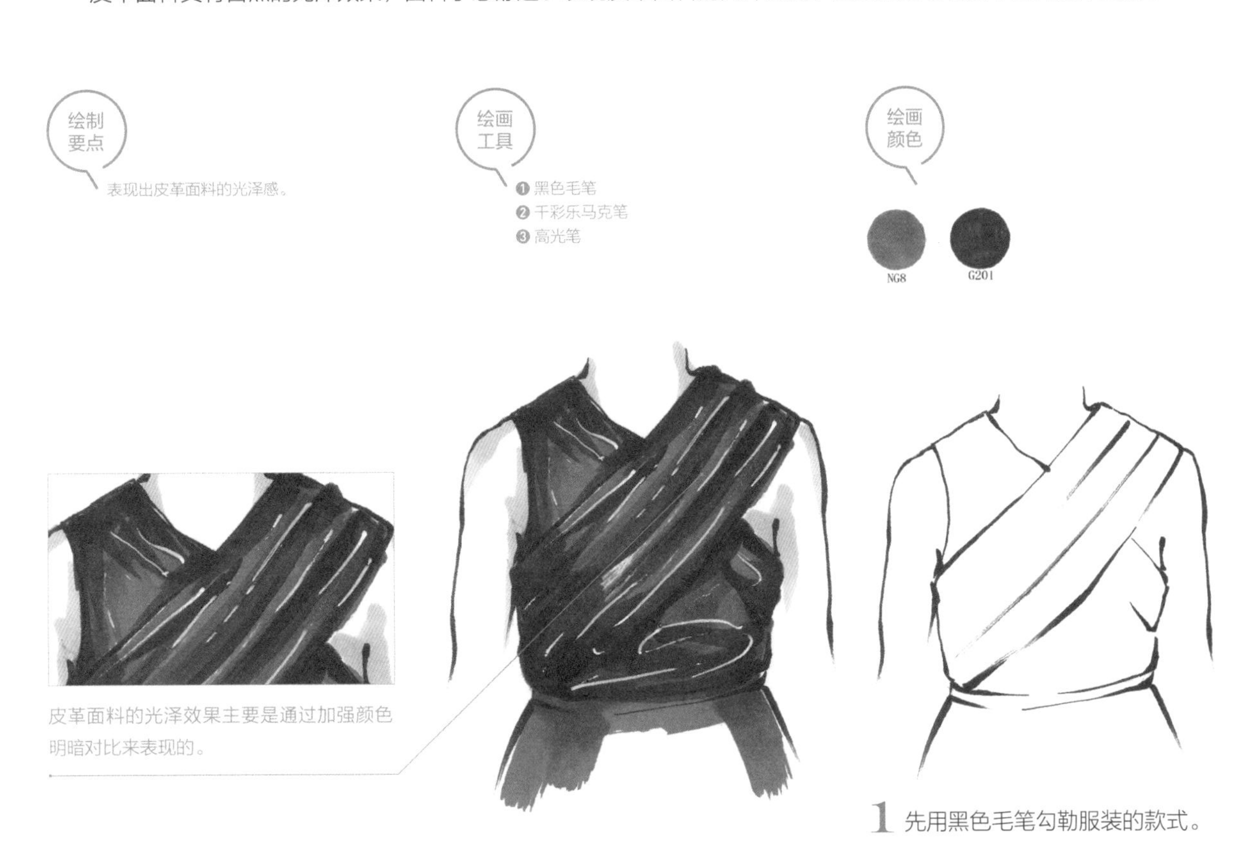

1 先用黑色毛笔勾勒服装的款式。

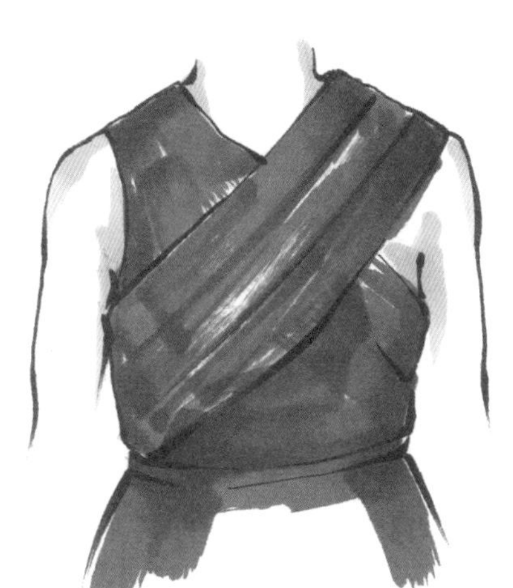

2 用NG8号色马克笔平铺服装的底色。

3 用G201号色马克笔加深服装的暗面颜色。

4 用高光笔勾勒出面料的高光，增加颜色的层次对比感。

例037 毛呢面料

毛呢面料属于粗呢面料，质地比较厚实，设计的服装外形也非常挺括。通过不同的笔触绘制，可以丰富毛呢面料的质感效果。

绘画工具

❶ 黑色毛笔
❷ 千彩乐马克笔
❸ 高光笔

毛呢面料的厚实效果主要是通过笔触的变化以及颜色的叠加效果来表现。

1 用黑色毛笔勾勒服装的轮廓线条。

2 用G170号色马克笔平铺衣服的底色。

3 用G177号色马克笔加深衣服的暗面颜色。

4 用高光笔画出衣服的高光。

例038 皮草面料

皮草面料的形态非常丰富，颜色亮丽，掌握皮草的毛色变化，可以绘制出多种类型的皮草外套。

皮草面料上色，主要是通过多种明暗颜色的叠加来表现面料质感。

1 用黑色毛笔勾勒服装的轮廓以及皮草毛的线条。

2 用G201号色马克笔画出衣服的条纹颜色以及皮草毛的长短线条变化。

3 先用NG4号色马克笔平铺皮草袖的底色，再用NG8号色马克笔画出大面积的暗面线条，最后用高光笔勾勒高光线条。

第4章

配饰手绘表现

在时装画里面，配饰的合理选用对时装效果图能起到点睛作用。配饰不仅能够丰富画面的色彩表现，也能增加视觉效果，不同类型的配饰搭配不同的服装，可以形成丰富的画面效果。

例039 礼帽

礼帽一般搭配礼服出现在宴会场合。礼帽的款式多样，大部分采用圆顶、宽檐的造型设计，面料材质比较柔暖，颜色比较亮丽。

帽檐的轮廓线条以及颜色的绘制。

❶ 自动铅笔
❷ 黑色毛笔
❸ 高光笔

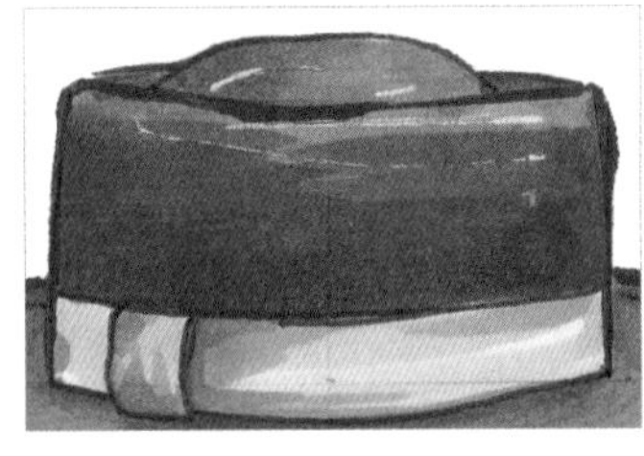

绘制帽顶的线条时，要仔细观察内部穿插的线条。

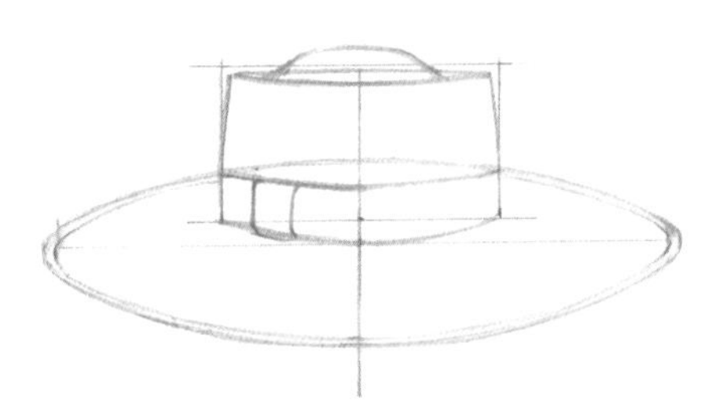

1 画出帽子的轮廓线条。

2 先用G177号色马克笔平铺帽子的底色，再用G170号色马克笔画出装饰带的颜色。

3 用G102号色马克笔加深帽子的暗面。

4 用黑色毛笔勾勒外轮廓。

◎ 多款礼帽表现

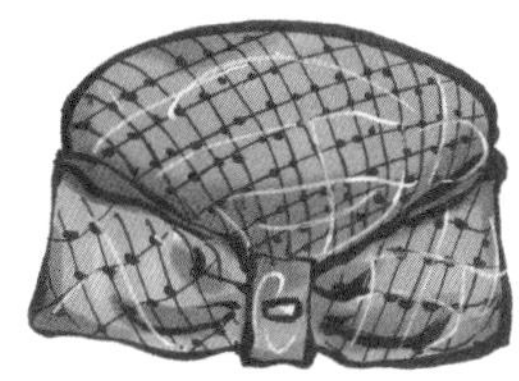

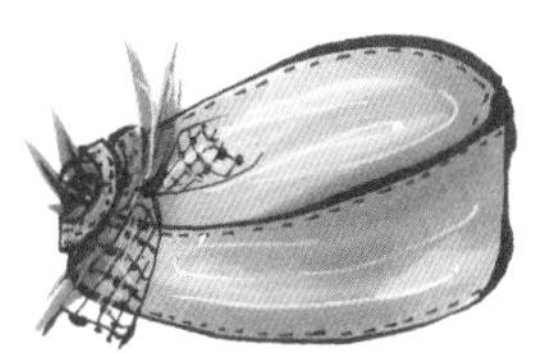

例040 贝雷帽

贝雷帽是一种无檐软质的帽子，贝雷帽的面料通常比较温柔，具有便于折叠、美观的优点，与外套搭配可明显提升整体视觉效果。

帽子轮廓形状的线条表现。

❶ 自动铅笔
❷ 千彩乐马克笔
❸ 黑色毛笔
❹ 高光笔

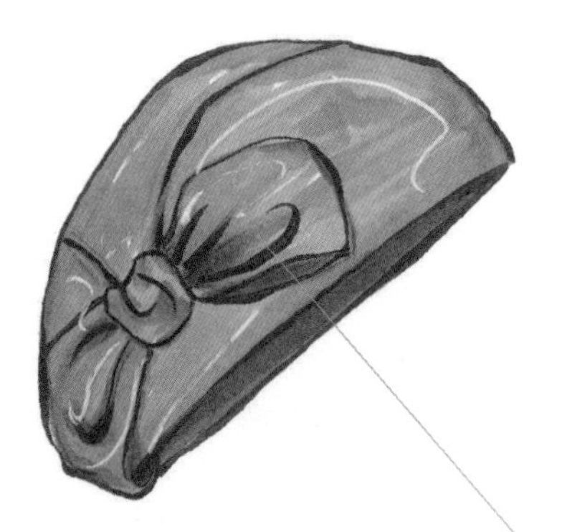

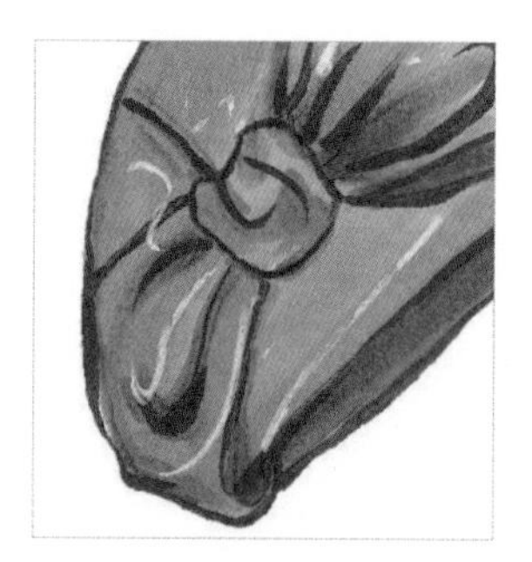

帽子外部的蝴蝶结的线条是包裹帽子的走向，绘制时要注意。

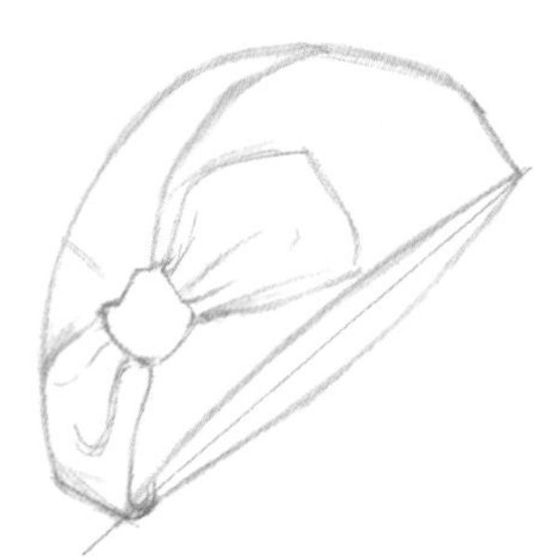

1 画出帽子的外轮廓线条和细节。

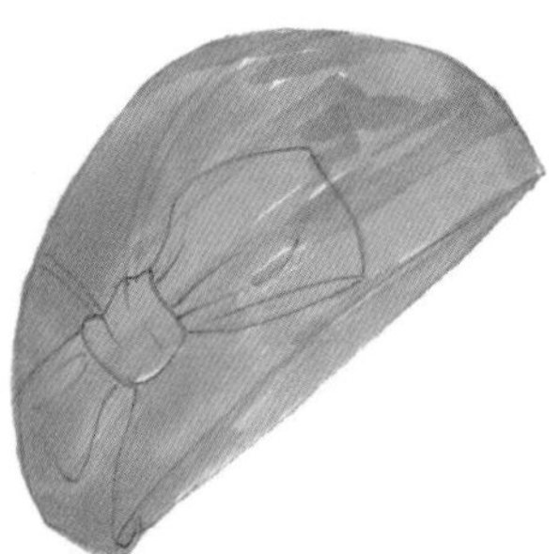

2 用MG4号色马克笔平铺底色。

3 用TG8号色马克笔加深帽子的暗面阴影颜色。

4 先用黑色毛笔勾勒轮廓线条，再画出高光。

◎ 多款贝雷帽表现

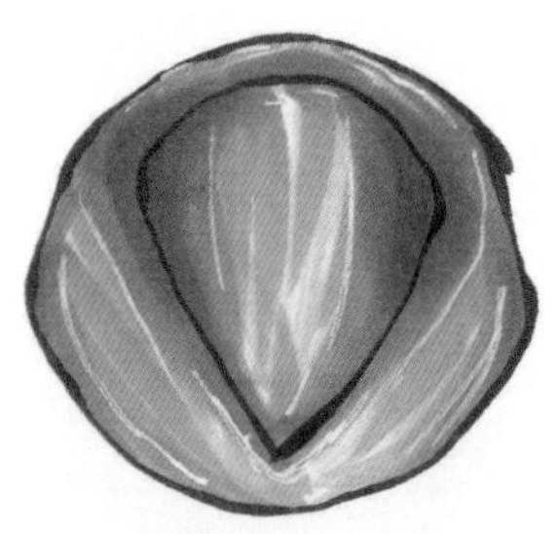

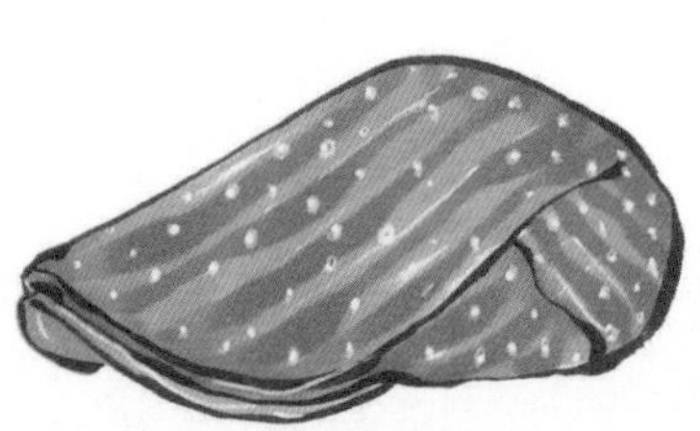

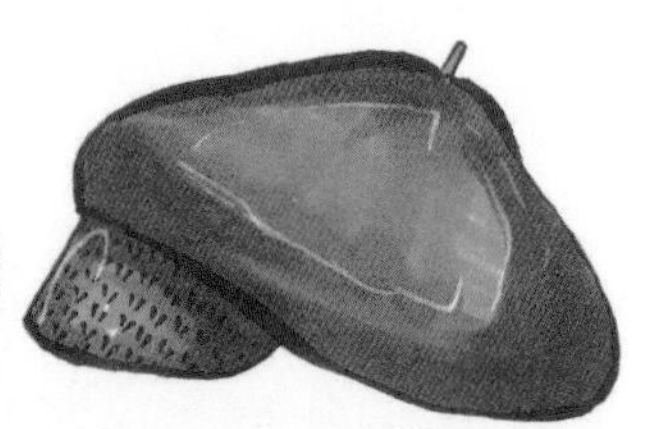

例041 棒球帽

棒球帽起源于棒球运动，逐步发展成为时尚界服饰品中常见的配饰。棒球帽的形状比较单一，主要设计点在于面料材质以及图案点缀。

帽型的外轮廓线条表现。

❶ 自动铅笔
❷ 千彩乐马克笔
❸ 高光笔
❸ 黑色毛笔

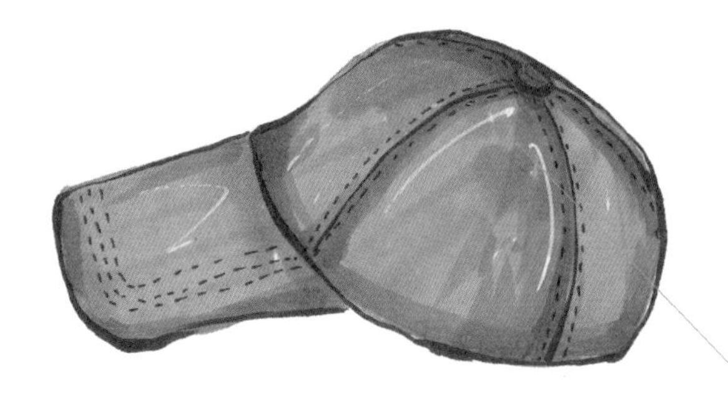

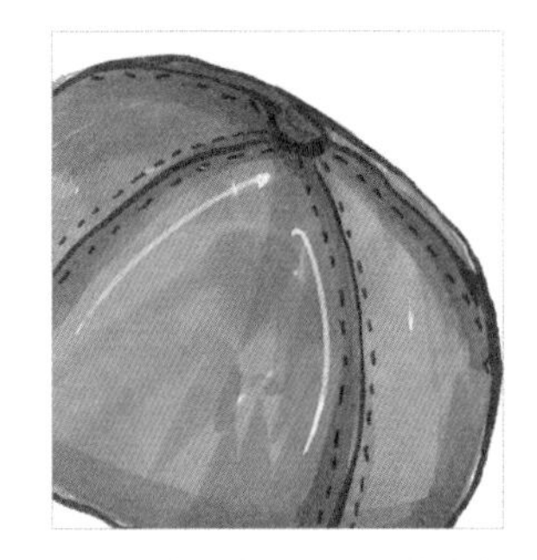

棒球帽的特点在于帽顶的线条表现。

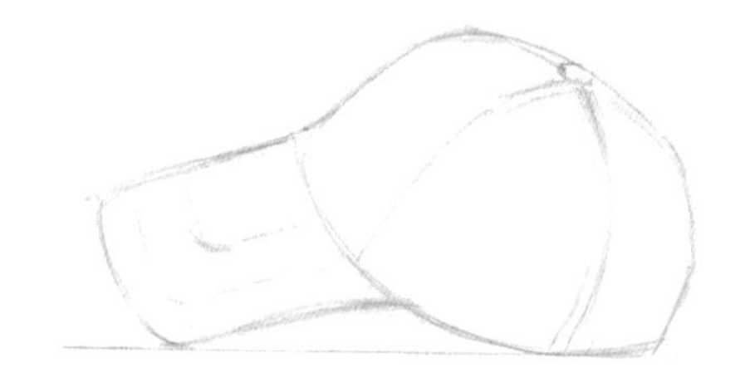

1 用铅笔勾勒帽子的轮廓。

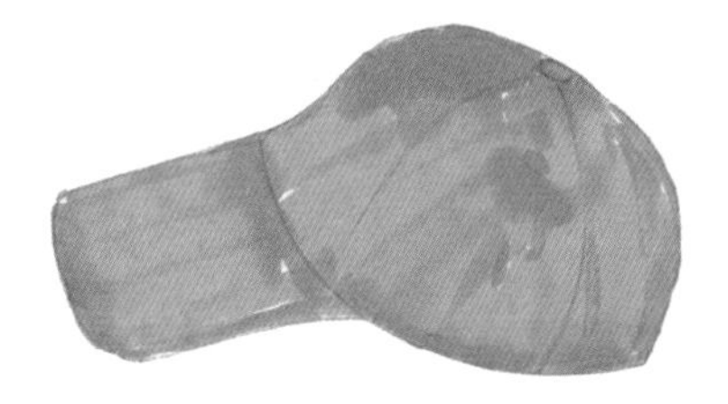

2 用G183号色马克笔平铺底色。

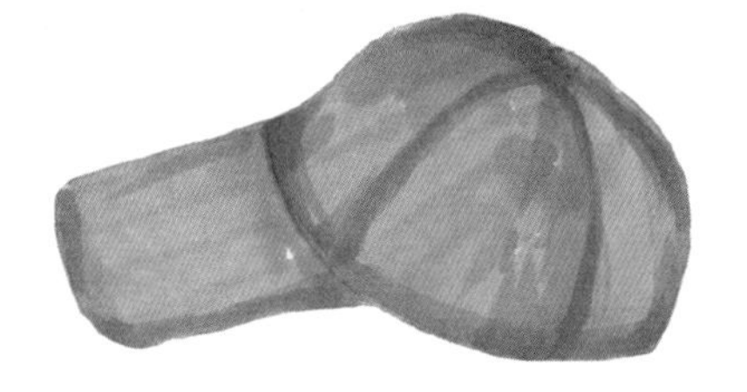

3 用G9号色马克笔加深暗面颜色。

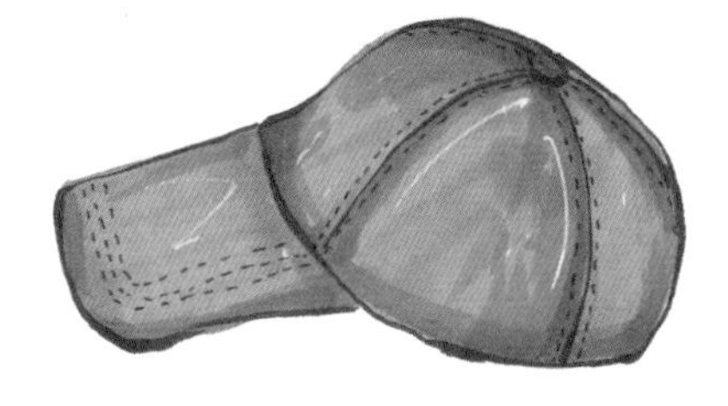

4 先用G16号色马克笔加深暗面，再用黑色毛笔勾勒轮廓线以及内部的装饰线，最后画出高光。

◎ 多款棒球帽表现

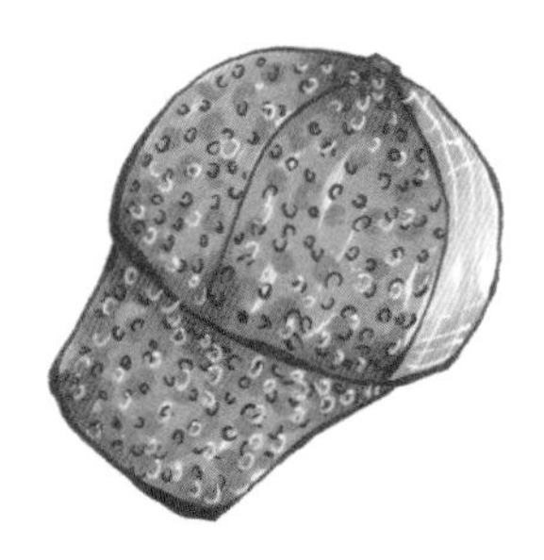

例042 太阳镜

太阳镜除了具有遮阳的效果，在服饰品里面也是常见的配饰，时尚又酷炫的太阳镜可以提升人物画面的气质感，丰富整体的表现效果。

太阳镜的空间透视把握。

❶ 自动铅笔
❷ 千彩乐马克笔
❸ 高光笔

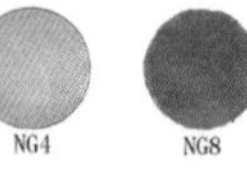

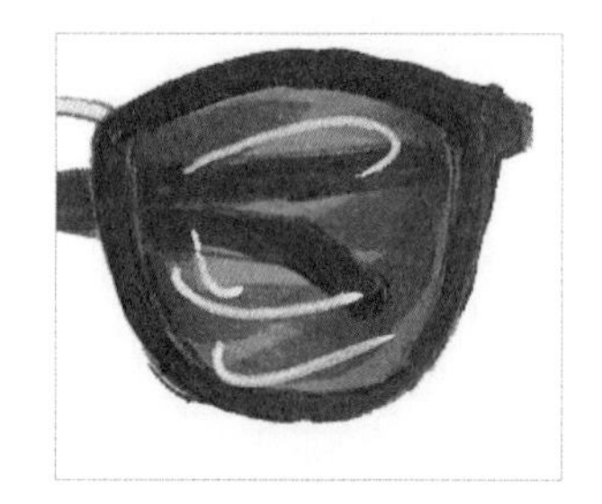

镜片的绘制要表现出明暗颜色的对比。

1 用铅笔勾勒太阳镜的轮廓线条。

2 用NG4号色马克笔平铺太阳镜的底色。

3 先用NG8号色马克笔加深镜片的暗面，再用G201号色马克笔画出镜框的颜色。

4 先用NG8号色马克笔加深镜片暗面，再画出镜片的高光。

◎ 多款太阳镜表现

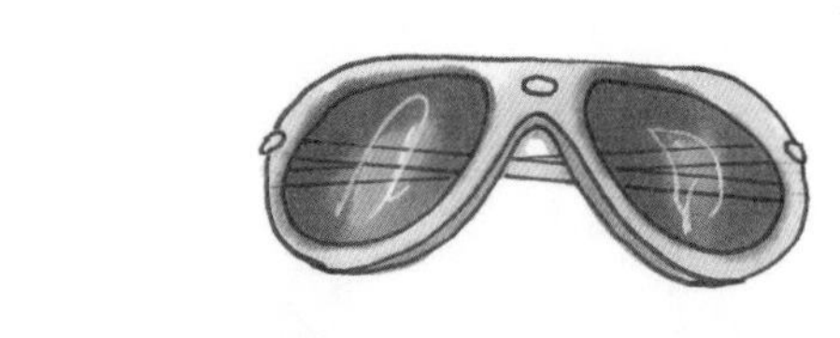

例043 项链

项链是指用金银、珠宝以及花卉串成的挂在颈上的首饰，是配饰品中最早出现的首饰之一。项链的材质、样式丰富多样，能够设计出多种风格的配饰品。

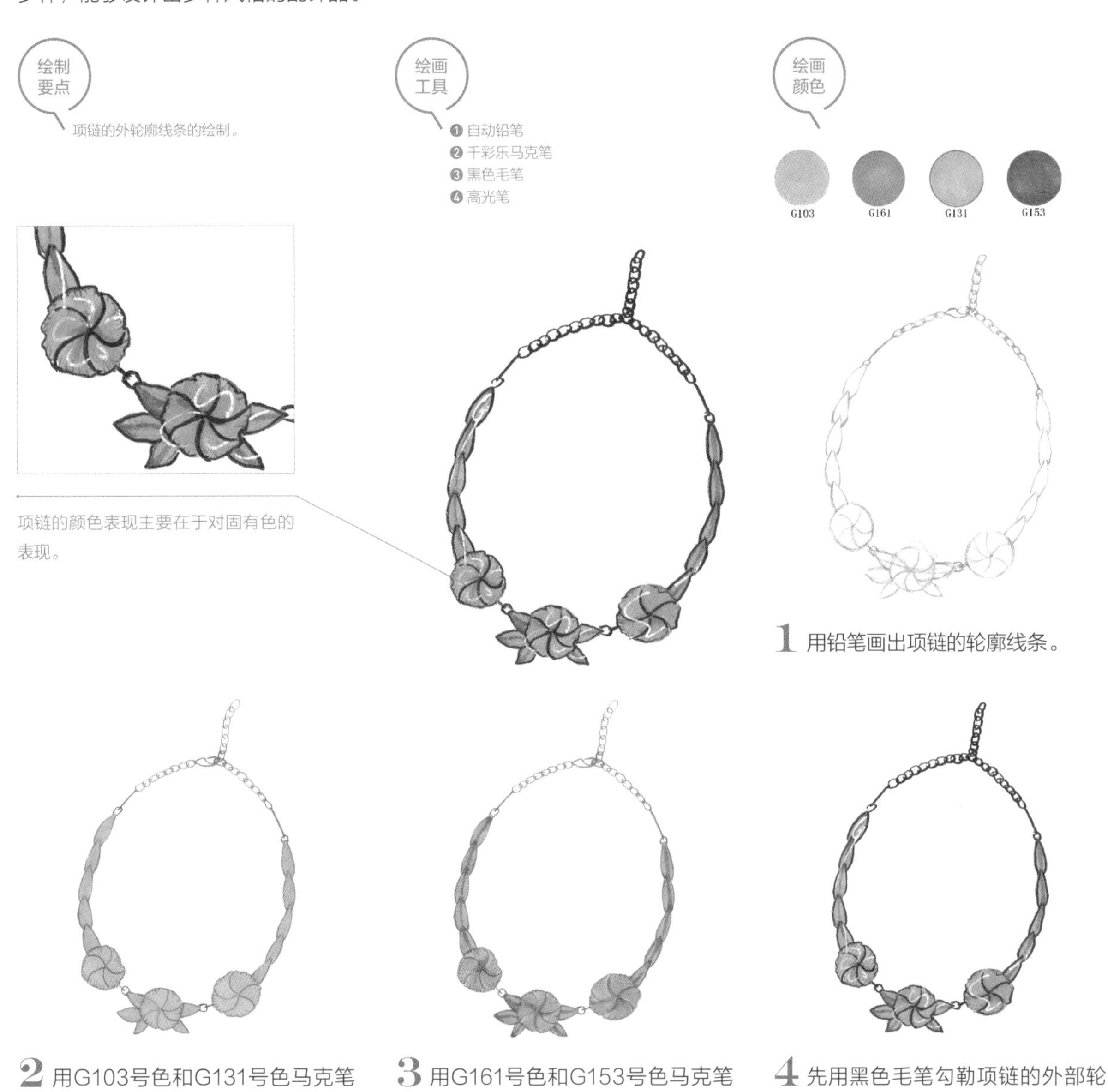

1 用铅笔画出项链的轮廓线条。

2 用G103号色和G131号色马克笔画出项链图案的底色。

3 用G161号色和G153号色马克笔加深项链的暗面。

4 先用黑色毛笔勾勒项链的外部轮廓线条，再画出高光。

◎ 多款项链表现

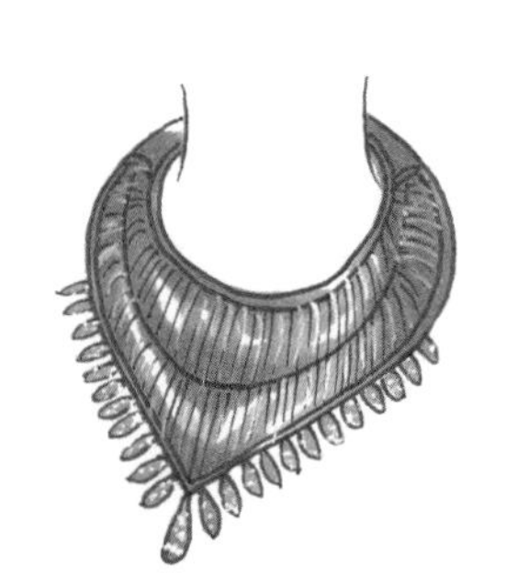

例044 耳环

耳环也称为耳坠，是指戴在耳朵上的饰品。耳环的材质主要以金属、宝石为主，还包括一些点缀珍珠、花卉和人物造型的装饰耳环。耳环具有吸引面部视觉效果的作用。

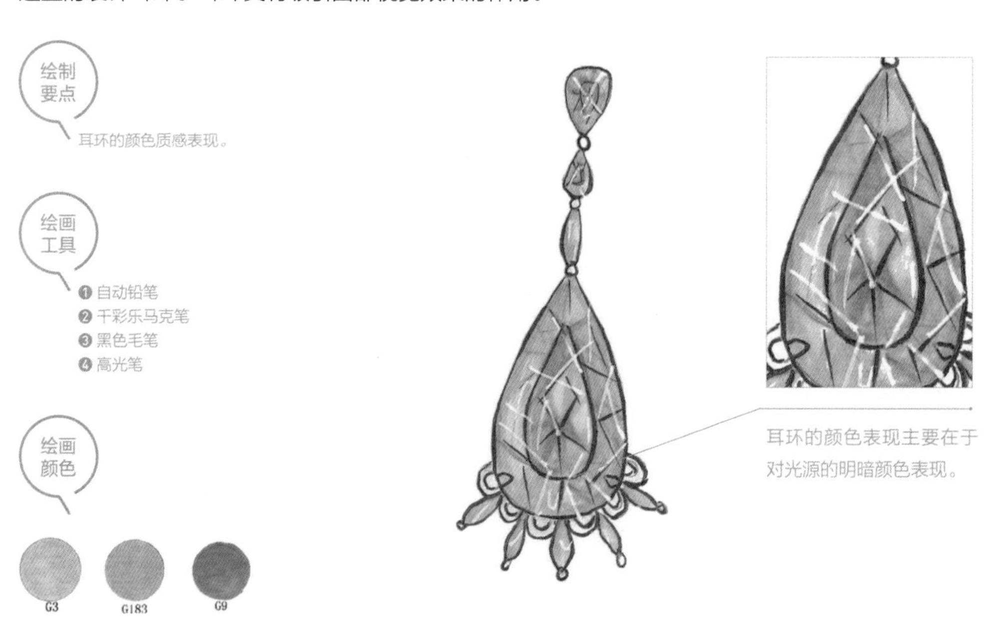

1 用铅笔勾勒出耳环的轮廓线条以及细节。

2 用G3号色马克笔平铺耳环的底色。

3 先用G183号色马克笔加深耳环的暗面，再用G9号色马克笔加深分割线的阴影。

4 先用黑色毛笔勾勒轮廓线条，再用高光笔画出高光。

◎ 多款耳环表现

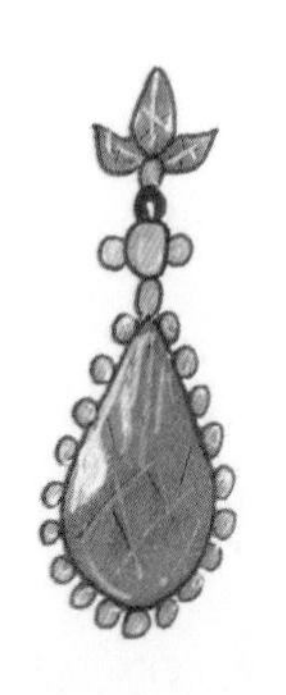

例045 手提包

手提包是指有一根短带的包，手提包款式非常丰富，面料材质较挺括，通常搭配一些工作装以及通勤类服装。

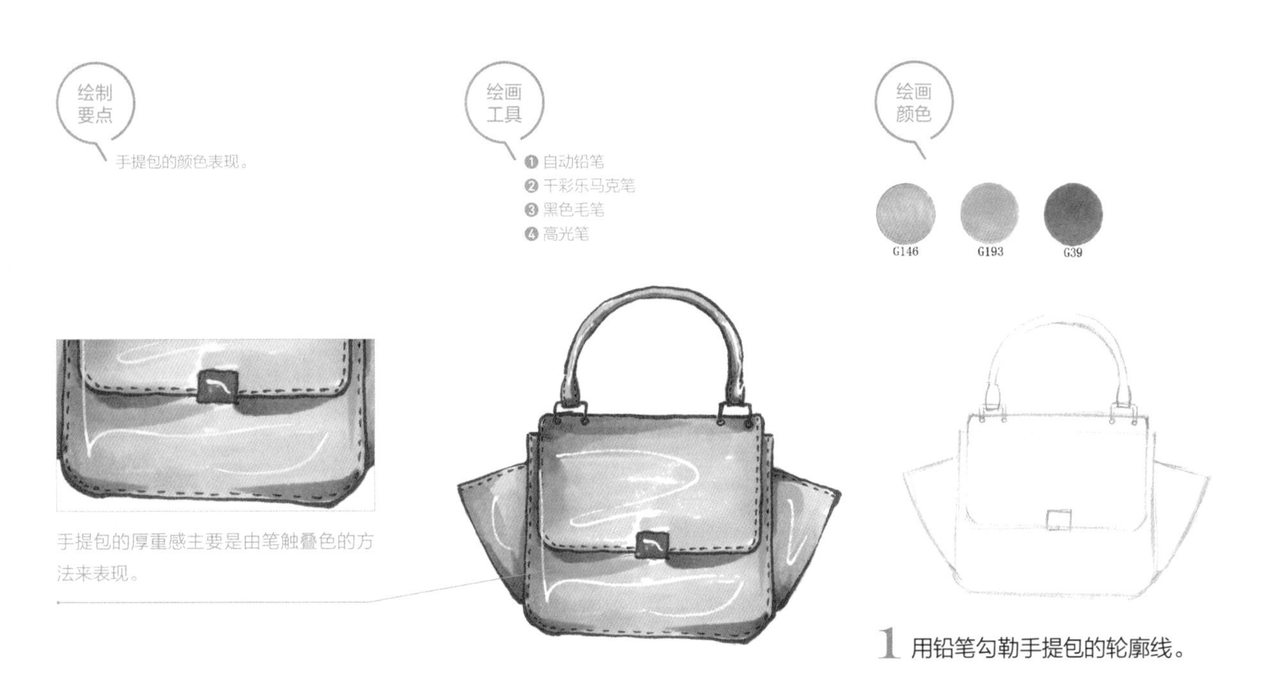

绘制要点

手提包的颜色表现。

绘画工具

❶ 自动铅笔
❷ 千彩乐马克笔
❸ 黑色毛笔
❹ 高光笔

绘画颜色

手提包的厚重感主要是由笔触叠色的方法来表现。

1 用铅笔勾勒手提包的轮廓线。

2 用G193号色马克笔画出手提包的底色。

3 用G146号色和G39号色马克笔画出手提包的暗面。

4 先用黑色毛笔勾勒轮廓线条以及内部的装饰线，再画出高光。

◎ 多款手提包表现

例046 单肩包

单肩包属于比较休闲类型的背包，面料材质比较丰富，外轮廓造型多样，通常出现在日常出行以及休闲服装的搭配里面。

绘制要点

单肩包的轮廓形状以及颜色的表现。

绘画工具

❶ 自动铅笔
❷ 千彩乐马克笔
❸ 黑色毛笔
❹ 高光笔

绘画颜色

G93　G176　G182

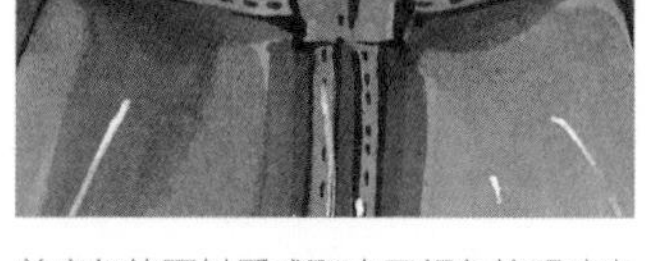

单肩包的面料质感取决于颜色的明暗变化以及内部的装饰线。

1 用铅笔勾勒出单肩包的轮廓线条以及内部的细节线条。

2 用G93号色马克笔平铺单肩包的底色，再用黑色毛笔勾勒单肩包的轮廓。

3 先用G176号色马克笔画出单肩包的暗部，再用G182号色马克笔加深阴影。

4 先用黑色毛笔画出内部的装饰线，再用高光笔画出高光。

◎ 多款单肩包表现

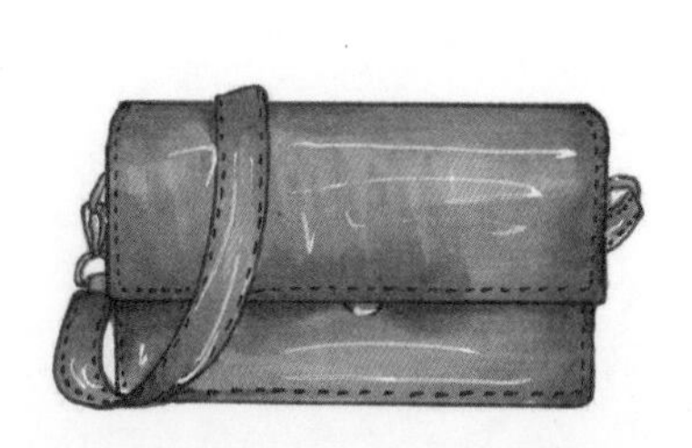

例047 宴会包

宴会包也称为手拿包，通常作为出席各种宴会的配饰，宴会包的外观比较精致、小巧，通常点缀珠宝、亮片等装饰。

绘制要点

宴会包内部的褶皱线条的绘制。

绘画工具

❶ 自动铅笔
❷ 千彩乐马克笔
❸ 黑色毛笔
❹ 高光笔

绘画颜色

MG4

TG8

宴会包的质感表现在于褶皱线位置的阴影与亮面的颜色对比。

1 用铅笔勾勒宴会包的轮廓线条以及褶皱线。

2 用MG4号色马克笔平铺宴会包的底色。

3 用TG8号色马克笔加深褶皱线的阴影颜色。

4 用高光笔勾勒宴会包的高光。

◎ 多款宴会包表现

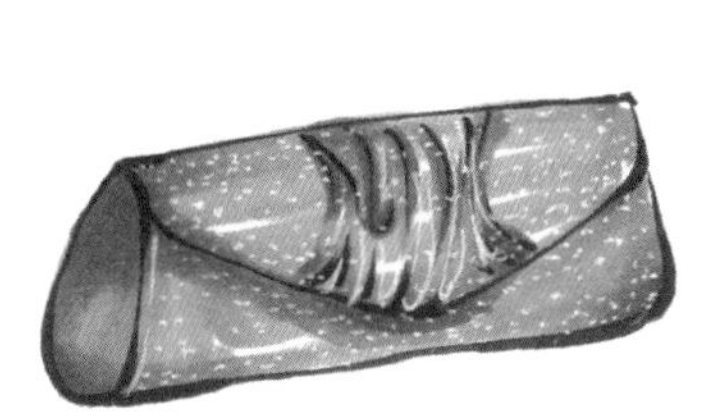

例048 休闲鞋

休闲鞋是一种简单、舒适的平底鞋，鞋子的外观造型比较简单，材质也比较单一，但颜色比较丰富，通常搭配休闲服装以及日常服装。

鞋子的外轮廓线条绘制。

❶ 自动铅笔
❷ 千彩乐马克笔
❸ 黑色毛笔
❹ 高光笔

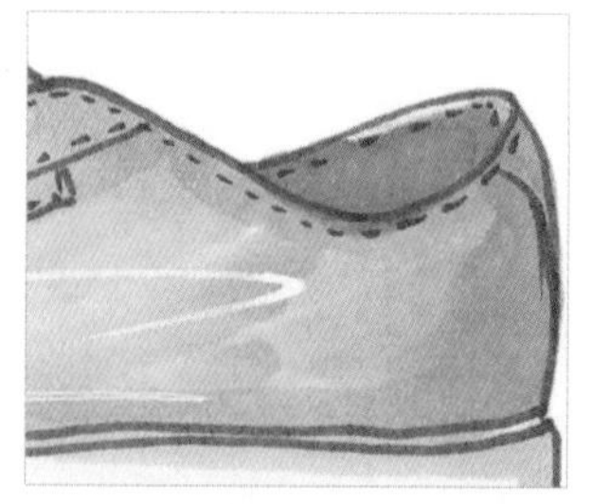

鞋子弧度线条的绘制要流畅，注意空间前后变化。

NG1

NG4

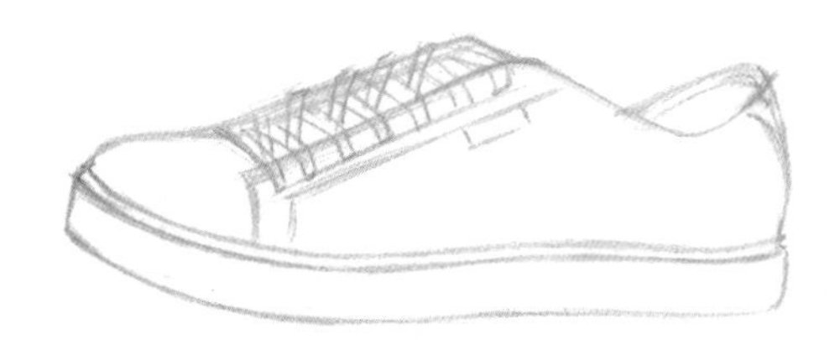

1 用铅笔勾勒鞋子的轮廓线条以及细节。

2 用NG1号色马克笔平铺鞋子的固有色。

3 用NG4号色马克笔加深鞋子的暗面颜色。

4 先用黑色毛笔画出鞋子内部的装饰线条，再用高光笔绘制高光。

◎ 多款休闲鞋表现

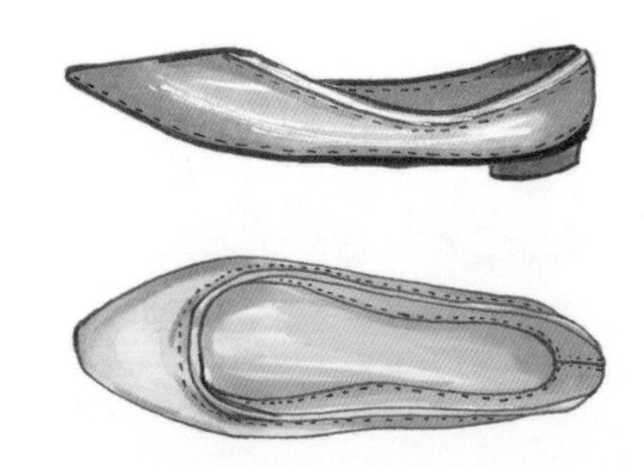

例049 高跟鞋

高跟鞋是指鞋跟特别高的鞋子，高跟鞋款式多样，尤其是在鞋跟上的变化非常丰富，高跟鞋通常搭配裙子，能够很好地展示女性优雅的气质。

高跟鞋的轮廓线条绘制一定要流畅，注意空间变化的前后关系。

1 用铅笔勾勒鞋子的轮廓线条以及鞋跟的形状。

2 先用G80号色马克笔平铺鞋子的固有色，再用黑色毛笔画出鞋子的轮廓线和鞋底的厚度。

3 先用G15号色马克笔加深鞋子和鞋跟的暗面，再用高光笔画出鞋子的高光。

◎ 多款高跟鞋表现

下篇

综合表现

第5章

休闲系列服装的绘制

休闲系列服装的款式都比较简单，通常不做过多的装饰，也不常选用很复杂的面料。休闲服装主要讲究面料舒适，款式较简约、宽松，配色不张扬。

例050 松紧腰头阔腿裤

这款裤子采用松紧腰头、阔腿的造型设计，既确保了穿着的舒适程度，也能展现时尚感。

绘制头发时，主要画出头发颜色的明暗变化。面部的体积感主要在于对鼻梁与眼窝的暗部颜色表现。

上衣颜色的明暗主要在于对交叉褶皱位置的颜色把控。

绘制要点

❶ 吊带上衣的交叉褶皱线条绘制。
❷ 两裤腿之间的前后线条表现。

绘画工具

❶ 自动铅笔
❷ 黑色毛笔
❸ 干彩乐马克笔
❹ 高光笔

绘画颜色

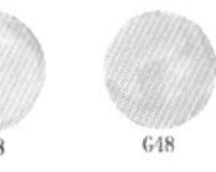

G58 G48 G65 G72

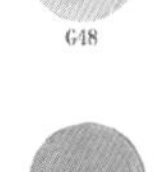
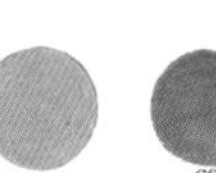

G3 G183 G9 G170

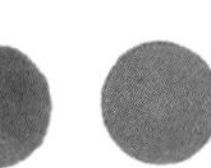

NG4 NG8 MG4 TG8

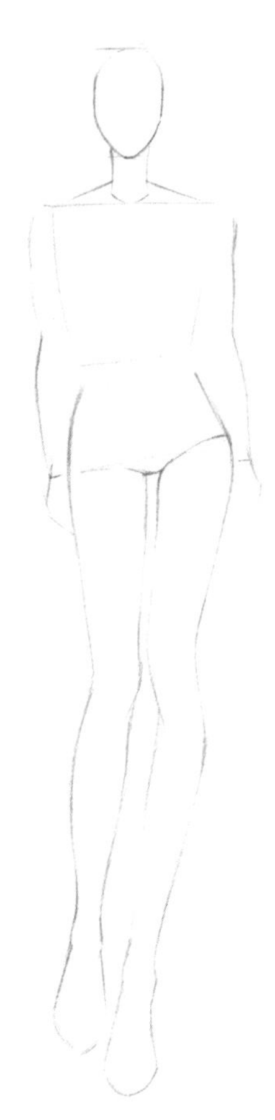

1 先画出头型的外部轮廓，再画出人体的动态姿势，最后画出手臂和腿部的线条。

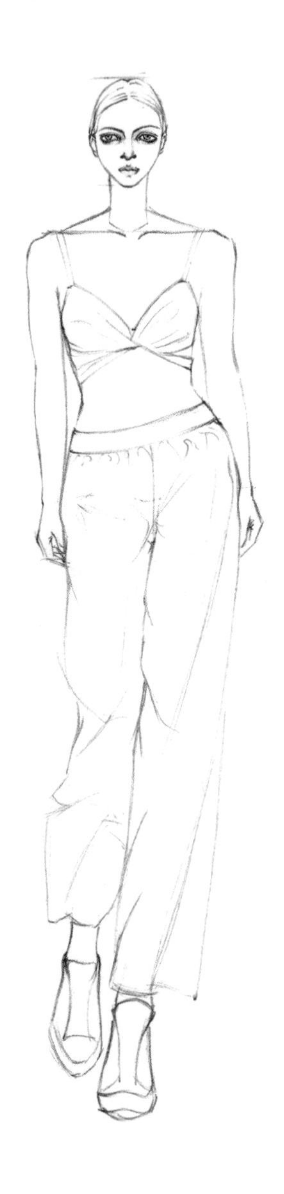

2 根据画好的人体动态线条，画出整体的服装款式，注意两裤腿之间的重叠变化表现。

提示

画裤子的线条时，主要画出两裤腿的褶皱线条。

3 用黑色毛笔先勾勒出人体线条，再画出整体服装的线条，最后画出鞋子的线条。

4 先用G58号色马克笔画出皮肤的固有色，再用G48号色马克笔画出皮肤的阴影颜色，最后用G65号色马克笔加深脖子、腋下、腰部的阴影。

5 用MG4号色和TG8号色马色克笔画出头发的细节颜色变化。

6 先用黑色毛笔画出眉毛的形状，再用G170号色马克笔画出眼窝和鼻头位置的暗部颜色，最后用G72号色马克笔画出嘴唇的固有色。

7 用G3号色马克笔画出上衣和裤子的底色，再用G183号色马克笔加深上衣和裤子的固有色。

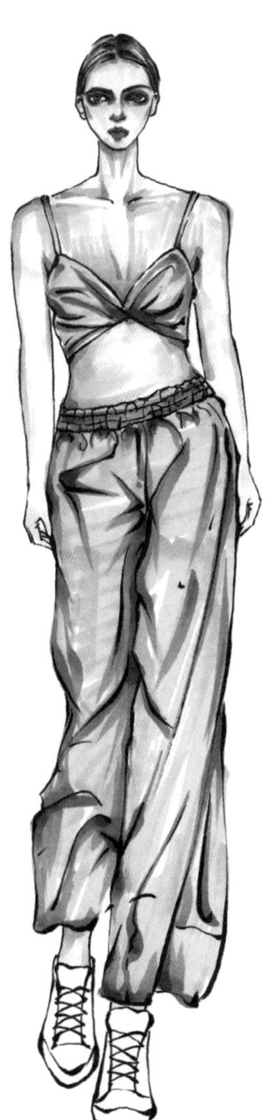

8 用G9号色马克笔加深上衣褶皱位置的阴影颜色，再加深裤子褶皱位置的暗部颜色。

9 先用NG4号色和NG8号色马克笔画出鞋子的明暗颜色，再用高光笔画出整体衣服和鞋子的高光。

例051 V领短款连衣裙

这款裙子设计比较简单，主要在于领子的造型，小V领的设计能够拉长模特的整体比例，衣服前面横、竖条纹的颜色处理，能够增加服装的视觉效果。

绘制发丝的颜色，先画出打底色块颜色，再加深暗部阴影，最后用0.5mm黑色针管笔画出发丝的细节。

绘制要点

❶ 发丝线条处理。
❷ 连衣裙的图案上色处理。

绘画工具

❶ 自动铅笔
❷ 黑色毛笔
❸ 干彩乐马克笔
❹ 0.5mm黑色针管笔
❺ 高光笔

绘画颜色

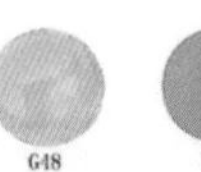

G58 G48 G65 G70

G102 G189 G183 G121

1 先画出头部的轮廓，再画出胸腔和盆腔的动态，最后画出手部和腿部的线条。

2 根据人体的动态，先画出五官和头发，再画出裙子的轮廓，最后刻画裙子内部的细节线条和鞋子线条。

提示

画头发时，先画出大致的轮廓线条以及头发走向，再细致刻画发丝线条。

3 先用黑色毛笔画出人体和头发的线条，再画出裙子和鞋子的线条。

4 先用G102号色马克笔画出头发的固有色，再用G189号色马克笔加深头发的阴影，最后用黑色针管笔画出发丝的细节。

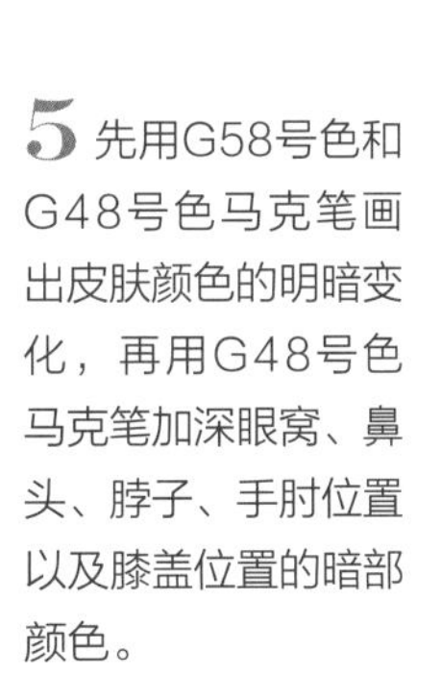

5 先用G58号色和G48号色马克笔画出皮肤颜色的明暗变化，再用G48号色马克笔加深眼窝、鼻头、脖子、手肘位置以及膝盖位置的暗部颜色。

6 先用G183号色马克笔画出竖条的颜色，再用G121号色马克笔画出横条的颜色。

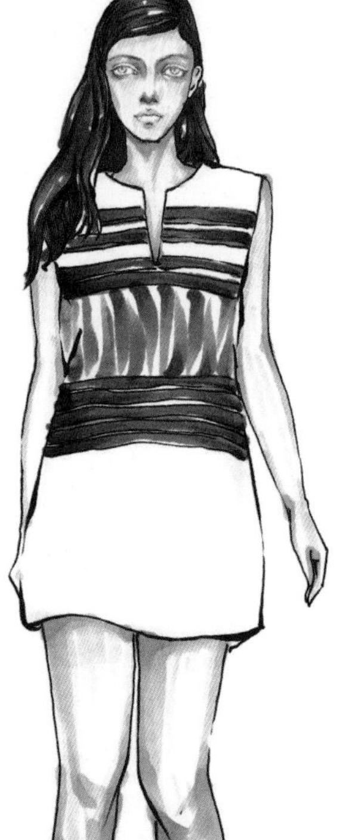

7 先用G183号色和G121号色马克笔加深条纹的暗部颜色，再用G183号色马克笔画出鞋子的固有色。

8 先用G65号色马克笔画出眼窝位置的颜色以及鼻头的暗部，再用G70号色马克笔画出脸颊和嘴唇的颜色。

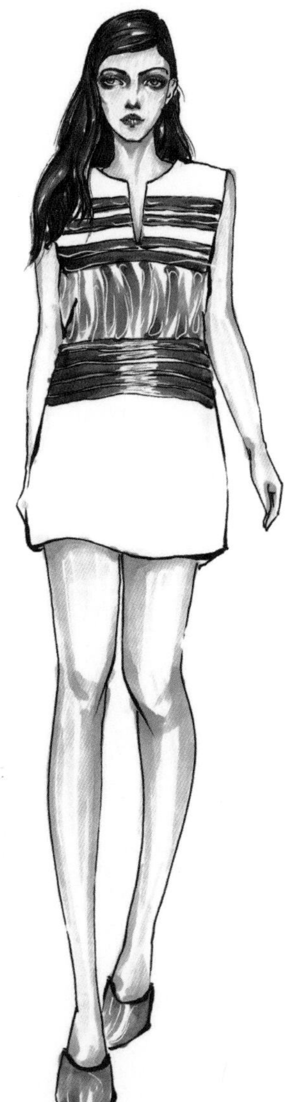

9 先用高光笔画出面部的高光位置，再画出裙子和鞋子的高光。

例052 拼接面料毛衣

这款衣服采用拼接理念，通过把两种面料搭配在一起，手部和领部用另外一种面料营造出两件衣服的视果，整体服装给人一种大方、简约的视觉效果。

毛衣的颜色绘制，先画出固有色，再加深暗部颜色，最后画出毛衣的纹理造型。

鞋子的绘制，仔细画出鞋子的空间视觉的线条，再画出鞋子的固有色，以及鞋子的暗部颜色和高光。

1 先画出头部轮廓，再画出人体的动态躯干线条，最后画出手部和腿部的线条。

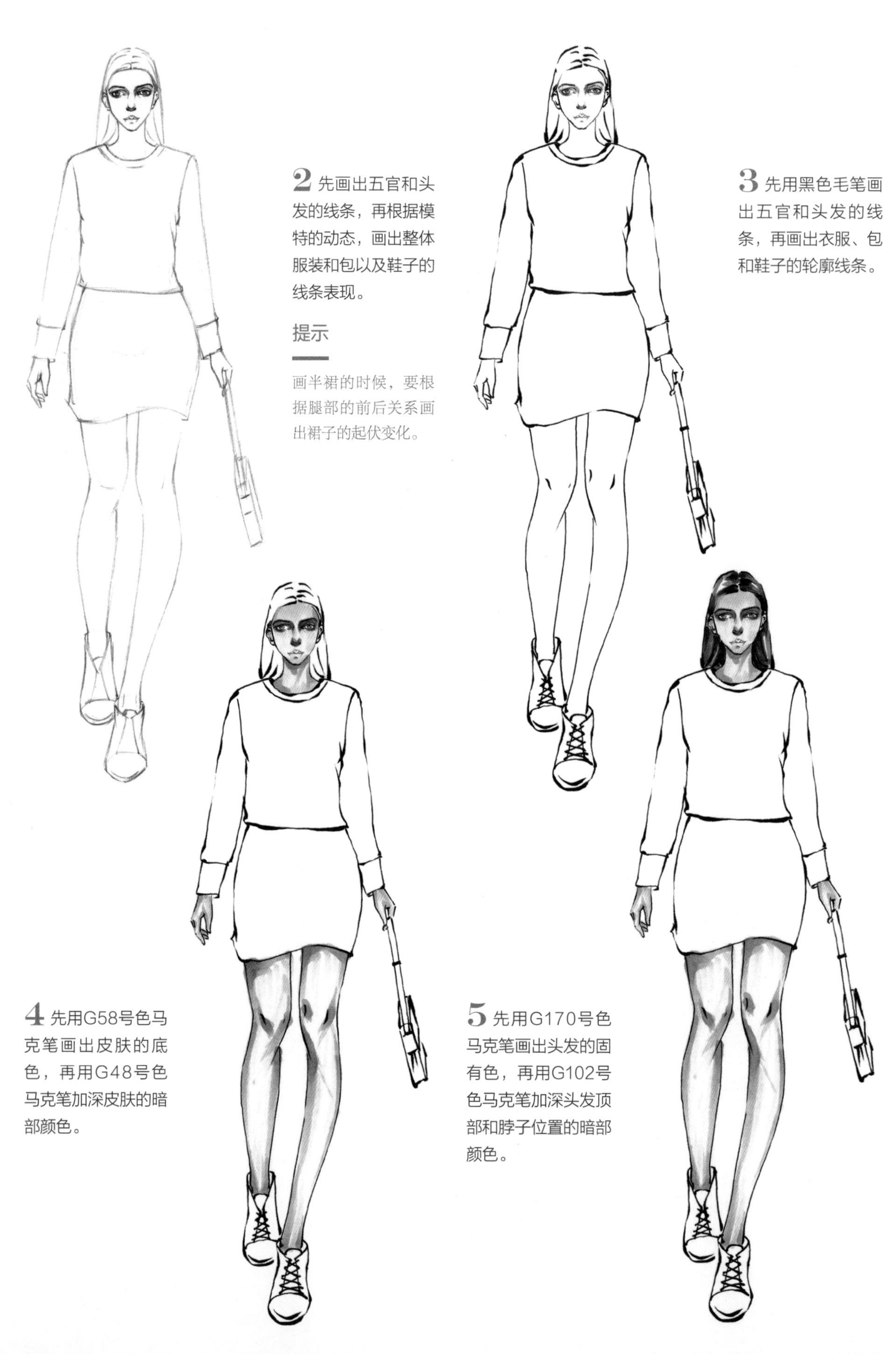

2 先画出五官和头发的线条，再根据模特的动态，画出整体服装和包以及鞋子的线条表现。

提示

画半裙的时候，要根据腿部的前后关系画出裙子的起伏变化。

3 先用黑色毛笔画出五官和头发的线条，再画出衣服、包和鞋子的轮廓线条。

4 先用G58号色马克笔画出皮肤的底色，再用G48号色马克笔加深皮肤的暗部颜色。

5 先用G170号色马克笔画出头发的固有色，再用G102号色马克笔加深头发顶部和脖子位置的暗部颜色。

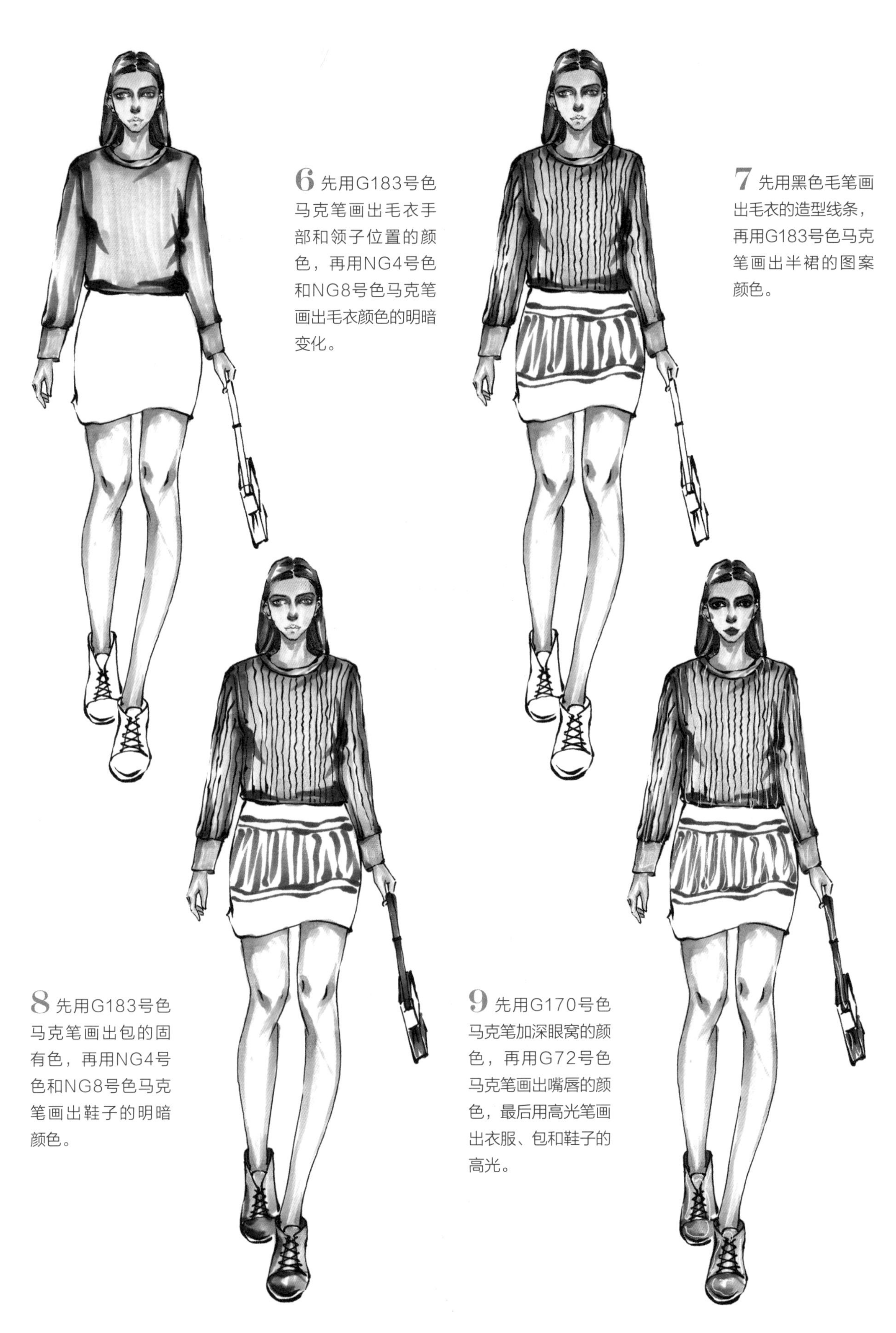

6 先用G183号色马克笔画出毛衣手部和领子位置的颜色，再用NG4号色和NG8号色马克笔画出毛衣颜色的明暗变化。

7 先用黑色毛笔画出毛衣的造型线条，再用G183号色马克笔画出半裙的图案颜色。

8 先用G183号色马克笔画出包的固有色，再用NG4号色和NG8号色马克笔画出鞋子的明暗颜色。

9 先用G170号色马克笔加深眼窝的颜色，再用G72号色马克笔画出嘴唇的颜色，最后用高光笔画出衣服、包和鞋子的高光。

例053 长款牛仔裤

这款牛仔裤的主要造型在于腰头、口袋以及裤脚位置的设计。牛仔裤的造型表现主要在于线迹的线条处理。

绘制要点

❶ 画出毛衣的造型线条。
❷ 处理好牛仔裤的线迹的线条。

绘画工具

❶ 自动铅笔
❷ 黑色毛笔
❸ 千彩乐马克笔
❹ 0.5mm黑色针管笔
❺ 高光笔

绘画颜色

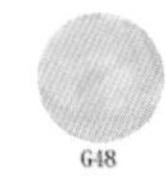

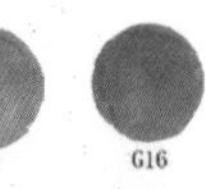

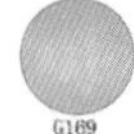

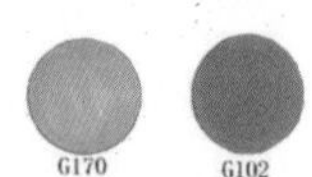

牛仔裤的线迹表现，先画出裤子的明暗颜色，再用0.5mm黑色针管笔画出腰头、口袋以及裤子门襟位置的线迹走向。

仔细刻画鞋子的细节线条，先画出鞋绳的交叉关系，再画出鞋子颜色的明暗变化。

1 先画好头部的外部轮廓，再画出人体的动态表现，最后画出手臂和腿部的线条。

2 根据画好的人体动态线条，先画出整体的服装线条，服装里面的褶皱线条也要画出来，再画出五官、头发和鞋子的线条。

提示

画裤子的线条时，先画出外轮廓线条以及两腿之间的前后关系变化。

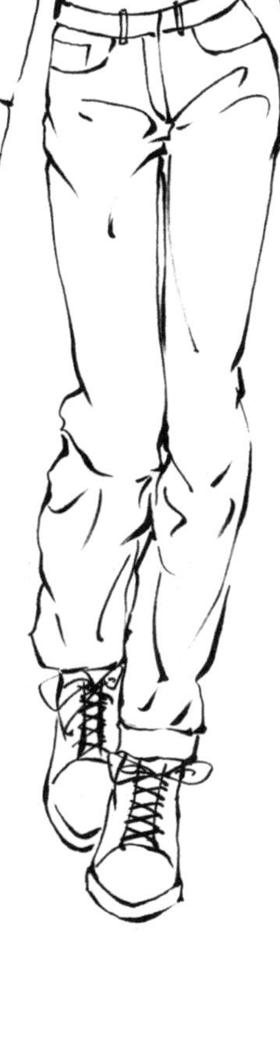

3 先用黑色毛笔勾勒出五官和头发的线条，注意头发丝的虚实变化，再画出整体衣服和鞋子的线条。

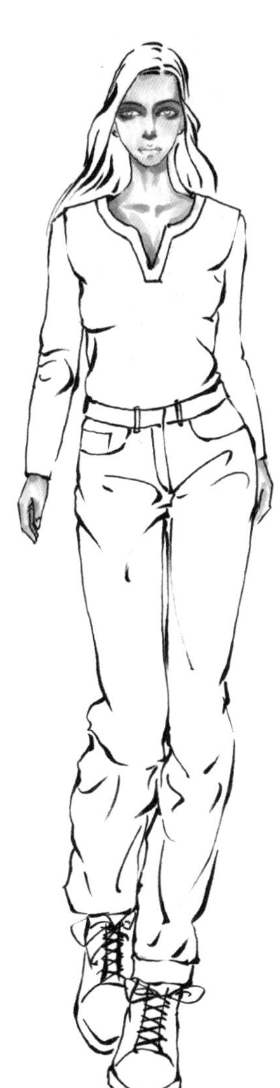

4 先用G26号色马克笔平铺皮肤的底色，再用G48号色马克笔画出眼窝、眉底、鼻底、脖子、锁骨和手部的暗部颜色。

5 先用G170号色和G102号色马克笔画出头发颜色的明暗变化，再用G102号色马克笔加深脖子后面的头发暗部颜色。

6 先用G169号色马克笔画出上衣的固有色，注意用笔的转折变化，再用G161号色马克笔加深暗部的颜色。

7 先用G183号色和G9号色马克笔画出牛仔裤的明暗颜色，根据线条的转折变化调整笔触进行上色，再用G16号色马克笔加深褶皱位置的暗部颜色。

8 先用G170号色马克笔画出眼影的颜色和鼻头的颜色，再用G72号色马克笔画出嘴唇的固有色，最后用黑色毛笔勾勒出毛衣的线条，用黑色针管笔画出牛仔裤的线迹线条。

9 先用NG4号色和NG8号色马克笔画出鞋子颜色的明暗变化，再用高光笔画出牛仔裤的亮面颜色和鞋子的高光。

例054 翻领外套

这款服装采用小翻领、翻袋的局部造型设计，衣服下摆采用收腰的造型设计，整件衣服既能体现休闲元素，也能展现时尚感。

1 先画出头部的外轮廓线条，再画出模特的动态表现，最后画出手臂和腿部的线条。

2 根据模特的动态线条，先画出五官和头发的线条，再画出整体服装和手提包、鞋子的线条。

提示

画服装线条时，先画出外轮廓线，再刻画局部细节。

3 先用黑色毛笔画出人体的轮廓线条以及五官和头发的线条，再画出衣服、手提包和鞋子的线条。

4 先用G26号色马克笔平铺皮肤的底色，再用G48号色马克笔加深眼窝、鼻底、脖子、膝盖位置的暗部颜色。

5 用G177号色和G189号色马克笔画出头发颜色的明暗变化，再用G189号色马克笔加深头发的暗部颜色，增加层次感。

6 先用G148号色马克笔画出外套的固有色，上色时，用笔的转折跟着线条的变化进行，再用G42号色马克笔加深褶皱线条的暗部颜色。

7 用G183号色和G9号色马克笔画出裤子颜色的明暗变化。

8 先用NG4号色和NG8号色马克笔画出手提包的固有色和暗部阴影，再用G72号色马克笔画出鞋子的颜色。

9 先用G92号色马克笔画出眼影的颜色，再用G78号色马克笔画出嘴唇的颜色，最后用高光笔画出衣服、手提包和鞋子的高光。

例055 连帽休闲上衣

这款上衣的亮点在于帽子的造型设计，落肩的短袖造型配上连帽的设计，最能体现服装的休闲感。

画头发的颜色时，先按照头发的走向画出底色，再深入刻画头发的细节。

上衣领子处的颜色绘制，要加深领子下面的暗部颜色。

绘制要点

❶ 头发上色处理。
❷ 上衣的褶皱线条的处理。

绘画工具

❶ 自动铅笔
❷ 黑色毛笔
❸ 千彩乐马克笔
❹ 高光笔

绘画颜色

G58

G48

G65

G72

G183

G9

NG4

NG8

1 先画出头部的轮廓线条，再画出人体的动态表现以及手部和腿部的线条。

2 根据人体的动态，先画出五官和头发的线条，再画出整体服装的轮廓线条，最后刻画褶皱。

提示

画裤子时，注意两裤腿之间的前后关系变化。

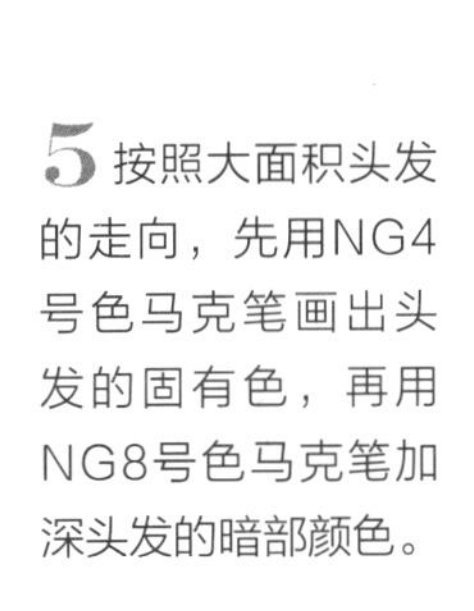

3 先用黑色毛笔画出整体的服装线条，注意褶皱的虚实线条变化，再画出五官和头发的线条。

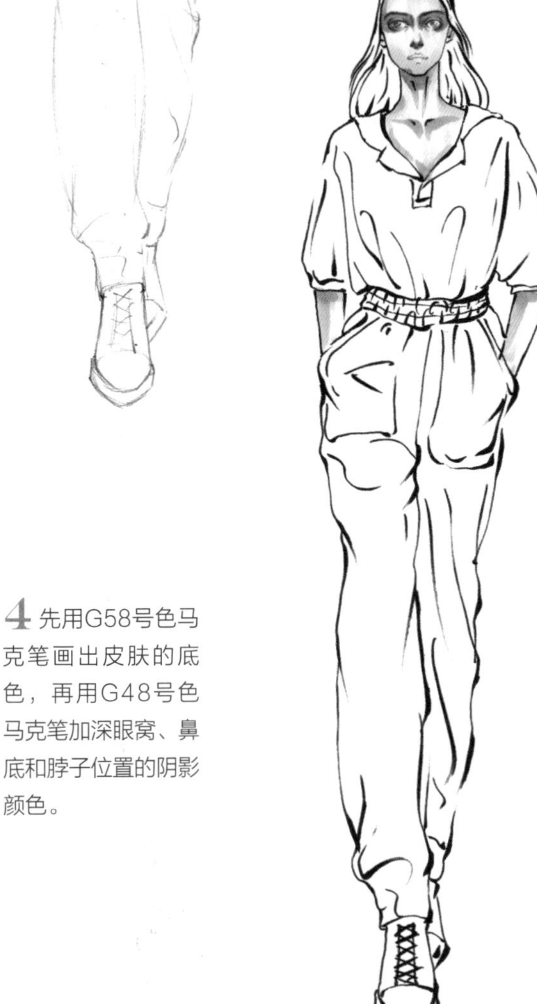

4 先用G58号色马克笔画出皮肤的底色，再用G48号色马克笔加深眼窝、鼻底和脖子位置的阴影颜色。

5 按照大面积头发的走向，先用NG4号色马克笔画出头发的固有色，再用NG8号色马克笔加深头发的暗部颜色。

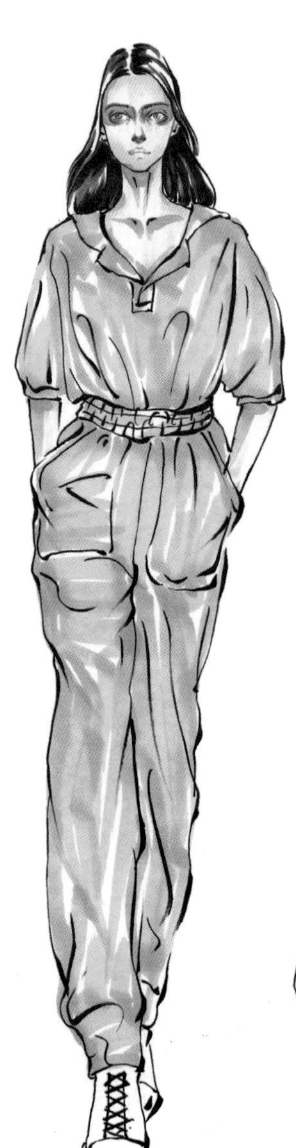

6 用G183号色马克笔先画出上衣的固有色，画裤子底色时注意用笔的转折随着线条的变化进行。

7 用G9号色马克笔加深服装的暗部颜色，主要加深衣服内部褶皱线条的阴影以及光源的暗部颜色。

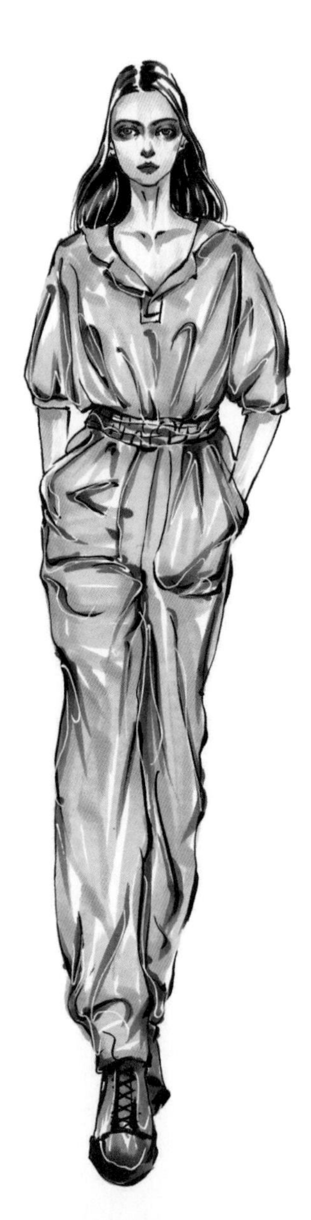

8 先用G65号色马克笔画出眼影的颜色，再用G72号色马克笔画出嘴唇颜色，最后用NG4号色马克笔画出鞋子的固有色。

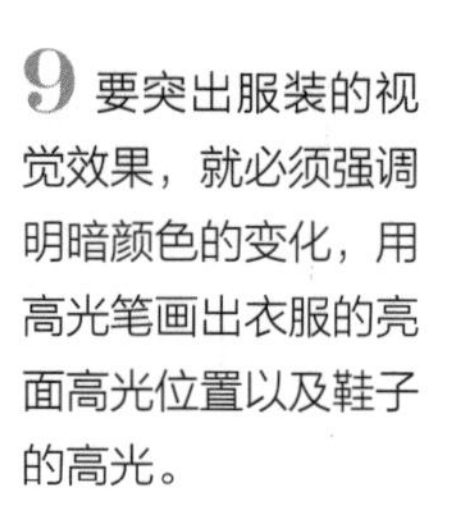

9 要突出服装的视觉效果，就必须强调明暗颜色的变化，用高光笔画出衣服的亮面高光位置以及鞋子的高光。

例056 条纹衬衫裙

顾名思义，这款裙子是采用条纹面料设计的，搭配蝴蝶结领以及不规则的下摆，来突出整体服装的休闲趣味。

绘制要点

1. 衣领与脖子之间的前后穿插关系。
2. 动态情况下的服装线条变化。

绘画工具

1. 自动铅笔
2. 黑色毛笔
3. 千彩乐马克笔
4. 高光笔

绘画颜色

绘制衣领的线条时，注意衣领是从脖子后面向前穿插过来的，衣领高于脖子的位置。

1 先画出头部轮廓及躯干的动态变化线条，再画出手臂摆动以及腿部的前后变化的线条。

2 根据画好的人体动态，先勾勒出服装的线条变化，再画出鞋子、袜子、五官以及头发的线条。

提示

根据模特腿部的前后关系，绘制裙子时要画出裙子在腿部的前后关系。

3 先用黑色毛笔画出人体的线条以及五官和头发的线条，再根据服装的起伏变化，画出裙子的虚实变化线条，最后画出袜子和鞋子的线条。

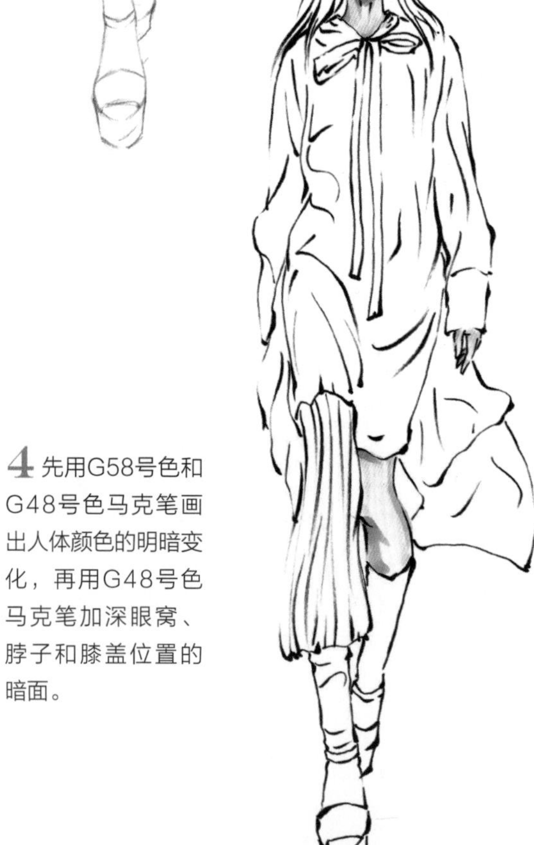

4 先用G58号色和G48号色马克笔画出人体颜色的明暗变化，再用G48号色马克笔加深眼窝、脖子和膝盖位置的暗面。

5 先用G103号色马克笔平铺头发的固有色，再用G169号色马克笔画出头发的暗面。

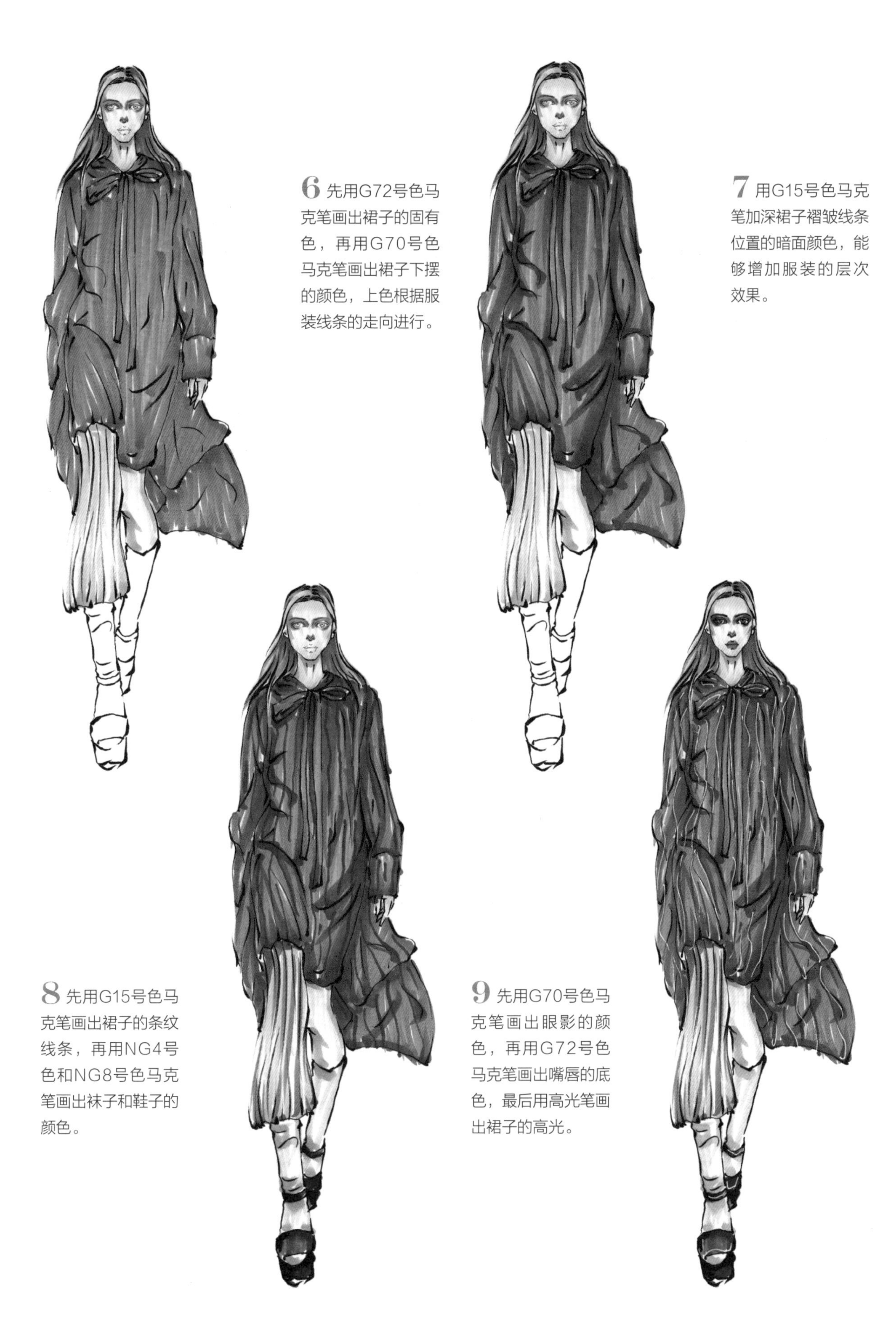

6 先用G72号色马克笔画出裙子的固有色，再用G70号色马克笔画出裙子下摆的颜色，上色根据服装线条的走向进行。

7 用G15号色马克笔加深裙子褶皱线条位置的暗面颜色，能够增加服装的层次效果。

8 先用G15号色马克笔画出裙子的条纹线条，再用NG4号色和NG8号色马克笔画出袜子和鞋子的颜色。

9 先用G70号色马克笔画出眼影的颜色，再用G72号色马克笔画出嘴唇的底色，最后用高光笔画出裙子的高光。

例057 两件套上衣

这款上衣是采用两件衣服叠穿的效果体现时尚感，即一件简单的圆领长袖衫搭配一件背心。

画盘发时，要画好头发的松紧、疏密的线条变化，才能展现头发的蓬松效果。

服装褶皱线条的产生有两种情况，一是人走动时产生的褶皱，二是服装本身的褶皱设计。

绘制要点

❶ 盘发的线条表现。
❷ 上衣背心的褶皱处理。

绘画工具

❶ 自动铅笔
❷ 黑色毛笔
❸ 千彩乐马克笔
❹ 高光笔

绘画颜色

1 先画出头部的轮廓及躯干的动态变化，再画出手臂摆动和腿部前后关系变化的线条。

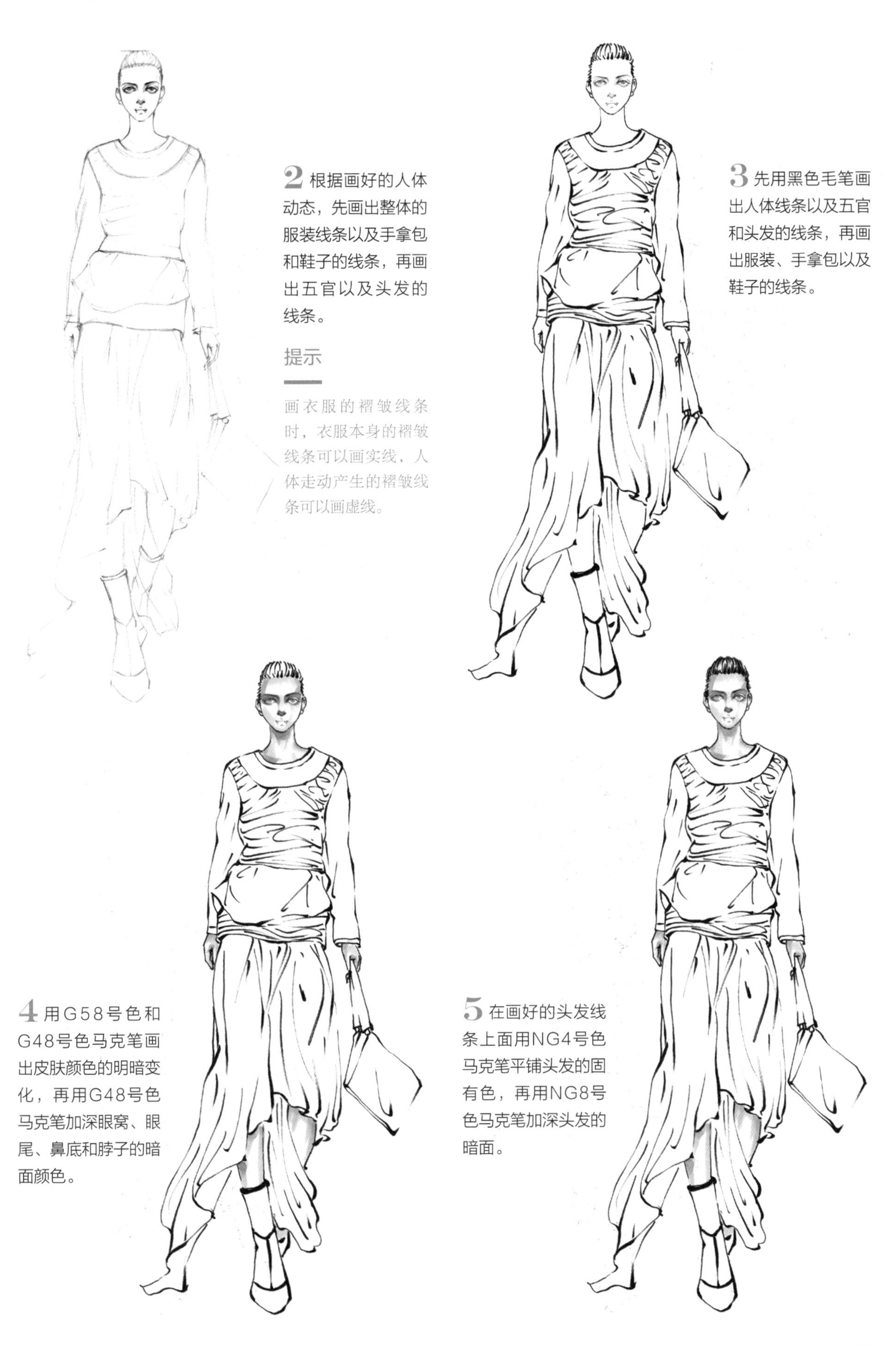

2 根据画好的人体动态，先画出整体的服装线条以及手拿包和鞋子的线条，再画出五官以及头发的线条。

提示

画衣服的褶皱线条时，衣服本身的褶皱线条可以画实线，人体走动产生的褶皱线条可以画虚线。

3 先用黑色毛笔画出人体线条以及五官和头发的线条，再画出服装、手拿包以及鞋子的线条。

4 用G58号色和G48号色马克笔画出皮肤颜色的明暗变化，再用G48号色马克笔加深眼窝、眼尾、鼻底和脖子的暗面颜色。

5 在画好的头发线条上面用NG4号色马克笔平铺头发的固有色，再用NG8号色马克笔加深头发的暗面。

6 用G169号色和G161号色马克笔画出上衣和裙子颜色的明暗变化，用笔注意根据褶皱线条进行转折。

7 先用G170号色马克笔画出背心和短裙的固有色，再用G161号色马克笔加深暗面颜色。

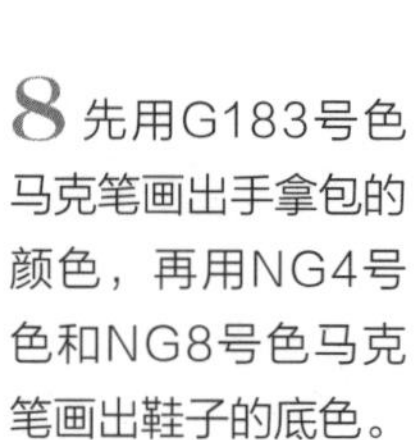

8 先用G183号色马克笔画出手拿包的颜色，再用NG4号色和NG8号色马克笔画出鞋子的底色。

9 先画出面部妆容，用G92号色和G67号色马克笔画出眼影和嘴唇的底色，再用NG8号色马克笔画出手拿包的图案，最后用高光笔画出衣服的高光。

例058 翻领长款衬衫

这款衣服属于翻领衬衫裙，上半部分采用基本款的衬衫设计，下半部分采用包裙的设计，再配上腰带作为装饰，充分把休闲和时尚效果融为一体。

❶ 注意上半部分衣服的内部细节。
❷ 注意手部与手拿包之间的处理。

❶ 自动铅笔
❷ 黑色毛笔
❸ 千彩乐马克笔
❹ 高光笔

G58

G48
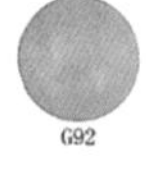
G92

G170

G177

G102

NG8

衣服内部的颜色处理，明暗颜色对比要强，才能突出服装层次感。

1 先画出头部的轮廓线条，再画出躯干的动态变化，最后画出手臂和腿部的线条。

2 根据模特的动态，先画出五官细节和头发的线条，再画出衣服、包和鞋子的线条。

提示

注意画手拿包的线条时，手部穿过包时，手和包之间的空间变化关系。

3 先用黑色毛笔画出五官和头发的线条，再画出衣服、包以及鞋子的线条。

4 用G58号色马克笔和G48号色马克笔画出皮肤颜色的明暗变化，注意暗面颜色处理，通常是加深眼部、鼻底、脖子和膝盖位置的颜色。

5 头发的颜色绘制，先用G177号色马克笔画出头发的底色，再用G102号色马克笔画出头发的暗面颜色。

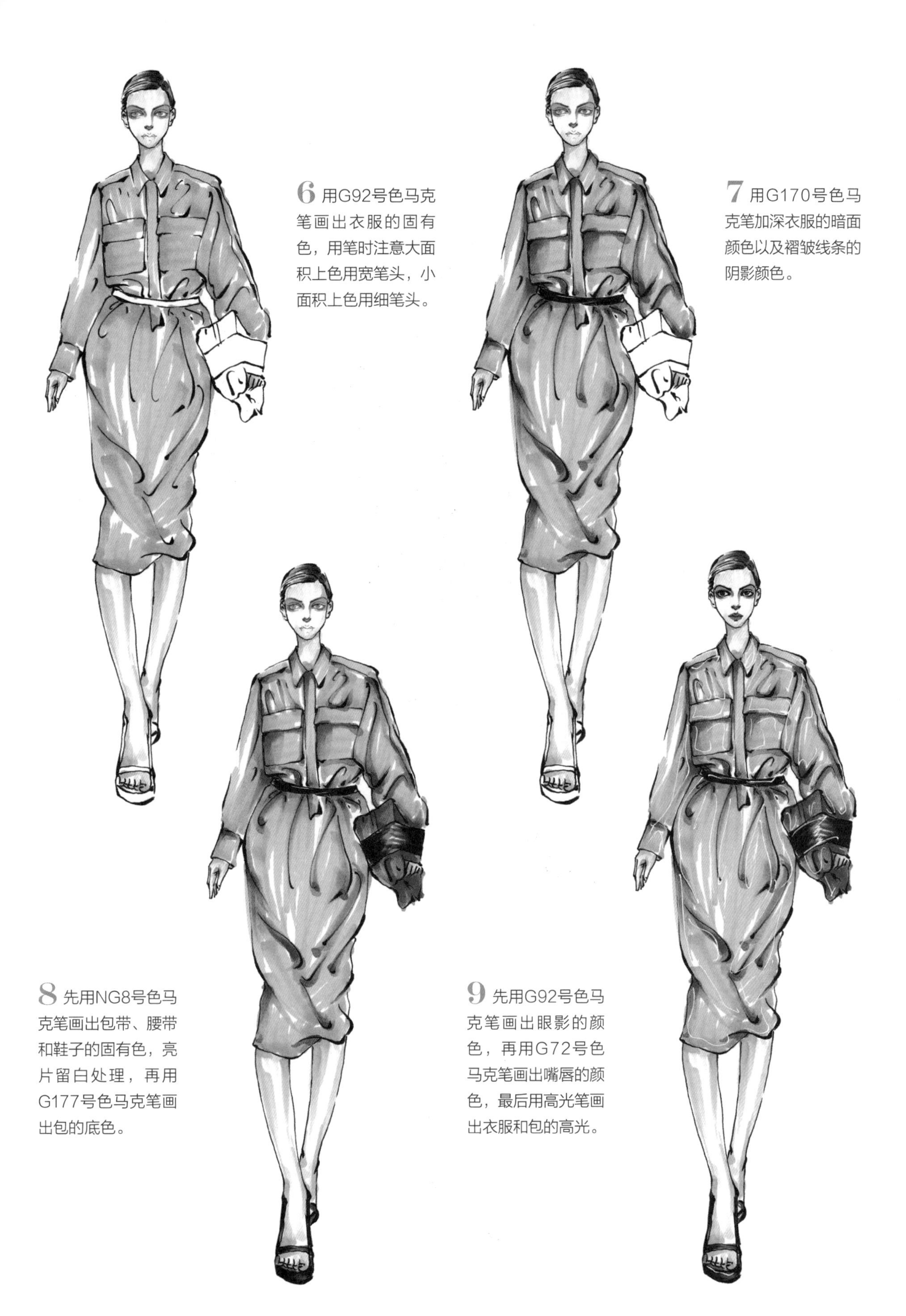

6 用G92号色马克笔画出衣服的固有色，用笔时注意大面积上色用宽笔头，小面积上色用细笔头。

7 用G170号色马克笔加深衣服的暗面颜色以及褶皱线条的阴影颜色。

8 先用NG8号色马克笔画出包带、腰带和鞋子的固有色，亮片留白处理，再用G177号色马克笔画出包的底色。

9 先用G92号色马克笔画出眼影的颜色，再用G72号色马克笔画出嘴唇的颜色，最后用高光笔画出衣服和包的高光。

例059 短袖夹克外套

这款夹克外套采用宽松短袖、翻领等造型元素进行变化设计，是一种将运动元素与休闲元素结合起来的服装款式。

绘制要点

❶ 人体头部与躯干的动态变化。
❷ 夹克外套内部的细节线条处理。

绘画工具

❶ 自动铅笔
❷ 黑色毛笔
❸ 千彩乐马克笔
❹ 高光笔

绘画颜色

夹克外套的颜色处理，要强调褶皱位置的阴影颜色，尤其是用笔的转折变化。

1 先画出头部轮廓，再画出躯干的动态变化，最后画出手臂摆动和腿部的前后关系线条。

2 先画出五官细节以及头发的线条，再画出衣服的外轮廓线条，最后深入刻画衣服的细节以及包和鞋子的线条。

提示

由于走动产生的服装褶皱线条比较多，要注意仔细刻画。

3 先用黑色毛笔勾勒出服装的虚实线条变化，再画出手提包和鞋子的线条，最后画出五官和头发的线条。

4 先用G58号色和G48号色马克笔画出皮肤颜色的明暗变化，再用G48号色加深眼部、脖子和腿部的暗面。

5 用G177号色和G102号色马克笔画出头发的明暗颜色。

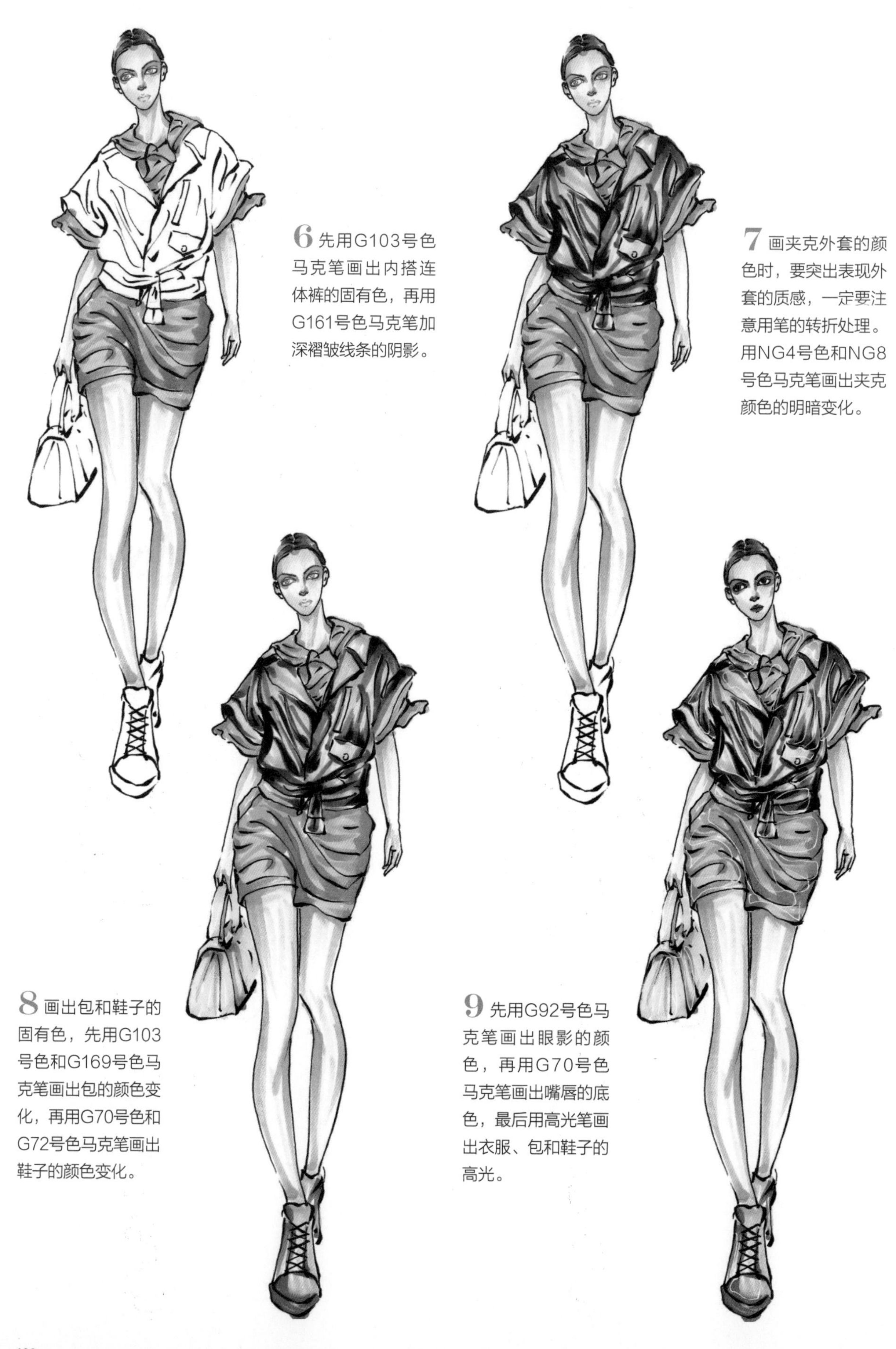

6 先用G103号色马克笔画出内搭连体裤的固有色，再用G161号色马克笔加深褶皱线条的阴影。

7 画夹克外套的颜色时，要突出表现外套的质感，一定要注意用笔的转折处理。用NG4号色和NG8号色马克笔画出夹克颜色的明暗变化。

8 画出包和鞋子的固有色，先用G103号色和G169号色马克笔画出包的颜色变化，再用G70号色和G72号色马克笔画出鞋子的颜色变化。

9 先用G92号色马克笔画出眼影的颜色，再用G70号色马克笔画出嘴唇的底色，最后用高光笔画出衣服、包和鞋子的高光。

例060 格纹吊带上衣

这款吊带上衣的不同之处在于肩带设计，采用的是环扣的造型元素，以给服装增加一些时尚效果，而宽松的设计，又能体现服装休闲感。

绘制要点

❶ 格纹吊带上衣的颜色处理。
❷ 半裙摆动时的褶皱线条的处理。

绘画工具

❶ 自动铅笔
❷ 黑色毛笔
❸ 千彩乐马克笔
❹ 高光笔

绘画颜色

画格纹面料时，要按照从大面积到局部的顺序来处理，先画出服装的底色以及暗面，再刻画格纹线条。

1 先画出头部的轮廓线条，再画出躯干的动态变化线条，最后画出手臂摆动以及腿部走动的线条。

2 先画出五官以及头发的线条，再画出吊带上衣和半裙的轮廓线条以及内部细节的褶皱线条，最后画出鞋子线条。

提示

画半裙的裙摆线条时，要注意两腿之间因走动产生的裙摆前后空间关系。

3 先用黑色毛笔画出人体线条，注意画手臂和腿部线条时要一气呵成，不能反复勾勒，再画出五官、头发、衣服和鞋子的线条。

4 先用G58号色马克笔画出皮肤的底色，再用G48号色马克笔加深眼窝、眼尾、鼻底、脖子、手臂和腿部的暗部颜色。

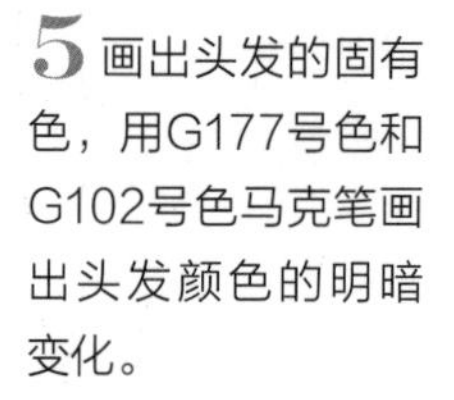

5 画出头发的固有色，用G177号色和G102号色马克笔画出头发颜色的明暗变化。

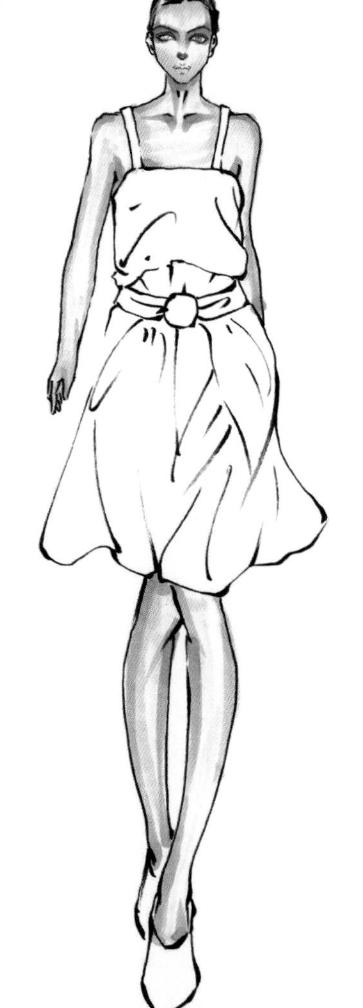

6 先用NG4号色马克笔画出吊带的固有色，再用NG8号色马克笔画出吊带的褶皱阴影。

7 先用G41号色马克笔画出半裙的固有色，再用G148号色马克笔加深裙子褶皱和裙摆位置的暗部颜色。

8 先用G67号色和G78号色马克笔画出眼影和嘴唇的颜色，再用NG4号色和NG8号色马克笔画出鞋子的明暗。

9 先用高光笔交叉画出格纹的纹路线条，再画出半裙和鞋子的高光。

例061 灯笼袖上衣

这款上衣运用了双层领的造型设计，加上灯笼袖的元素搭配，能够更好地展现服装的休闲感。

绘制要点

❶ 人体动态产生的两腿之间的前后关系。
❷ 灯笼袖上衣内部的褶皱穿插线条表现。

绘画工具

❶ 自动铅笔
❷ 黑色毛笔
❸ 千彩乐马克笔
❹ 高光笔

绘画颜色

G58 G48 G67 NG8
G183 NG4 G145 G179

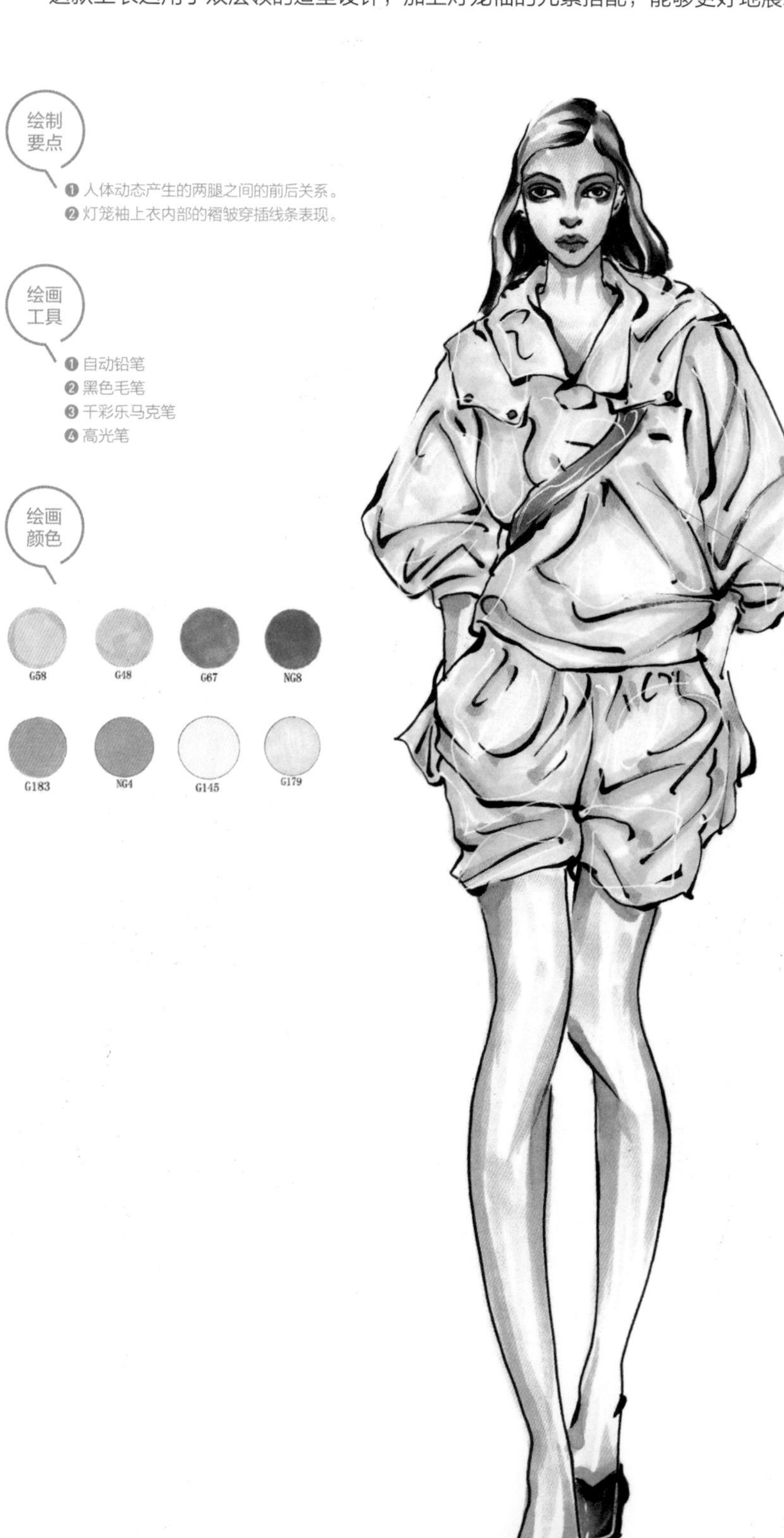

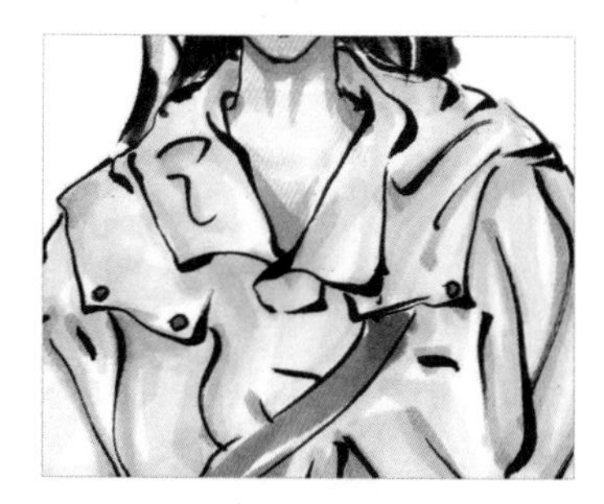

绘制衣服的双层领子时，注意领子之间的叠搭与上下关系，仔细刻画线条。

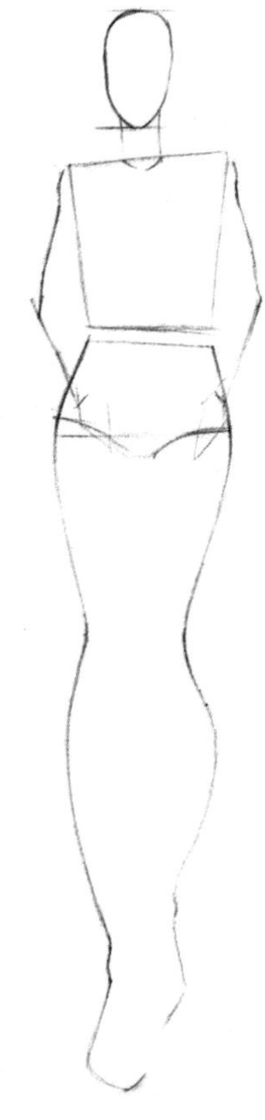

1 先画出人体的头部轮廓，再根据躯干的动态画出手臂和腿部之间的线条。

2 先画出模特的五官以及头发的线条，再画出衣服的轮廓线条以及鞋子的线条，最后刻画衣服内部的细节线条。

提示

模特手臂是插在衣服口袋里的，画出体现裤子口袋饱满感的线条很重要。

3 先用黑色毛笔画出人体轮廓线条，再画出五官以及头发的线条，最后画出衣服、挎包以及鞋子的线条。

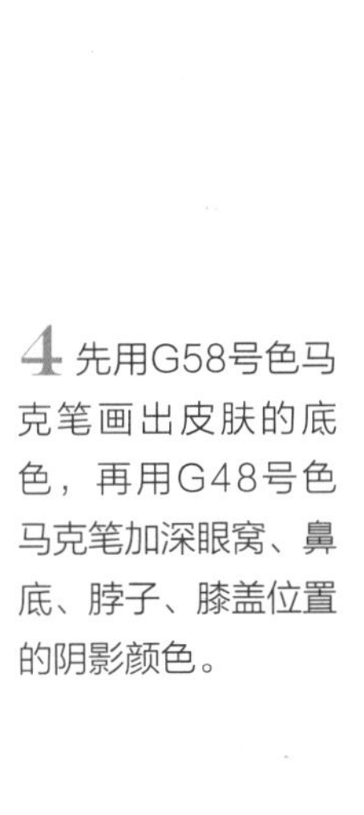

4 先用G58号色马克笔画出皮肤的底色，再用G48号色马克笔加深眼窝、鼻底、脖子、膝盖位置的阴影颜色。

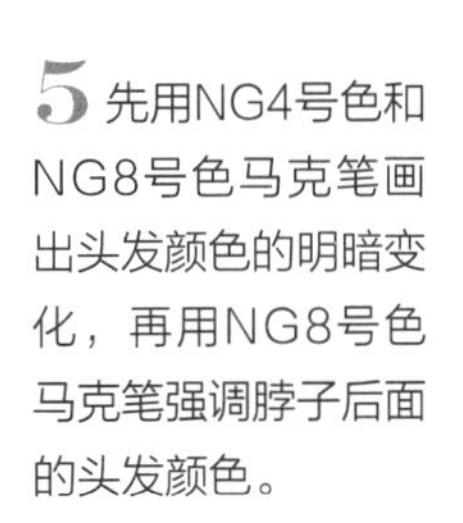

5 先用NG4号色和NG8号色马克笔画出头发颜色的明暗变化，再用NG8号色马克笔强调脖子后面的头发颜色。

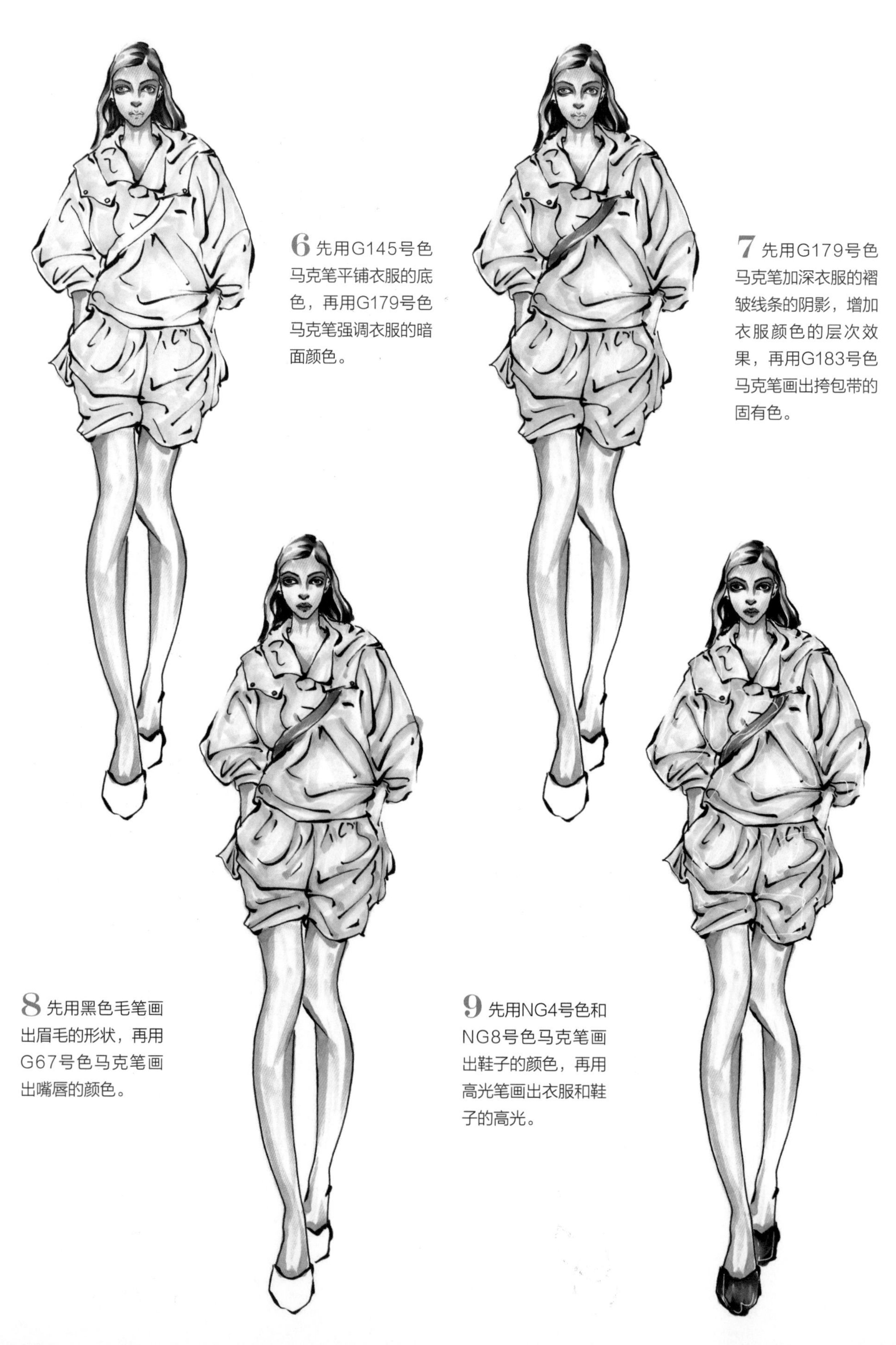

6 先用G145号色马克笔平铺衣服的底色，再用G179号色马克笔强调衣服的暗面颜色。

7 先用G179号色马克笔加深衣服的褶皱线条的阴影，增加衣服颜色的层次效果，再用G183号色马克笔画出挎包带的固有色。

8 先用黑色毛笔画出眉毛的形状，再用G67号色马克笔画出嘴唇的颜色。

9 先用NG4号色和NG8号色马克笔画出鞋子的颜色，再用高光笔画出衣服和鞋子的高光。

例062 拼接面料连衣裙

这款连衣裙采用两种面料拼接的设计，在腰部拼接另外一种面料，能够突出服装款式的变化，也能在视觉效果上产生变化。

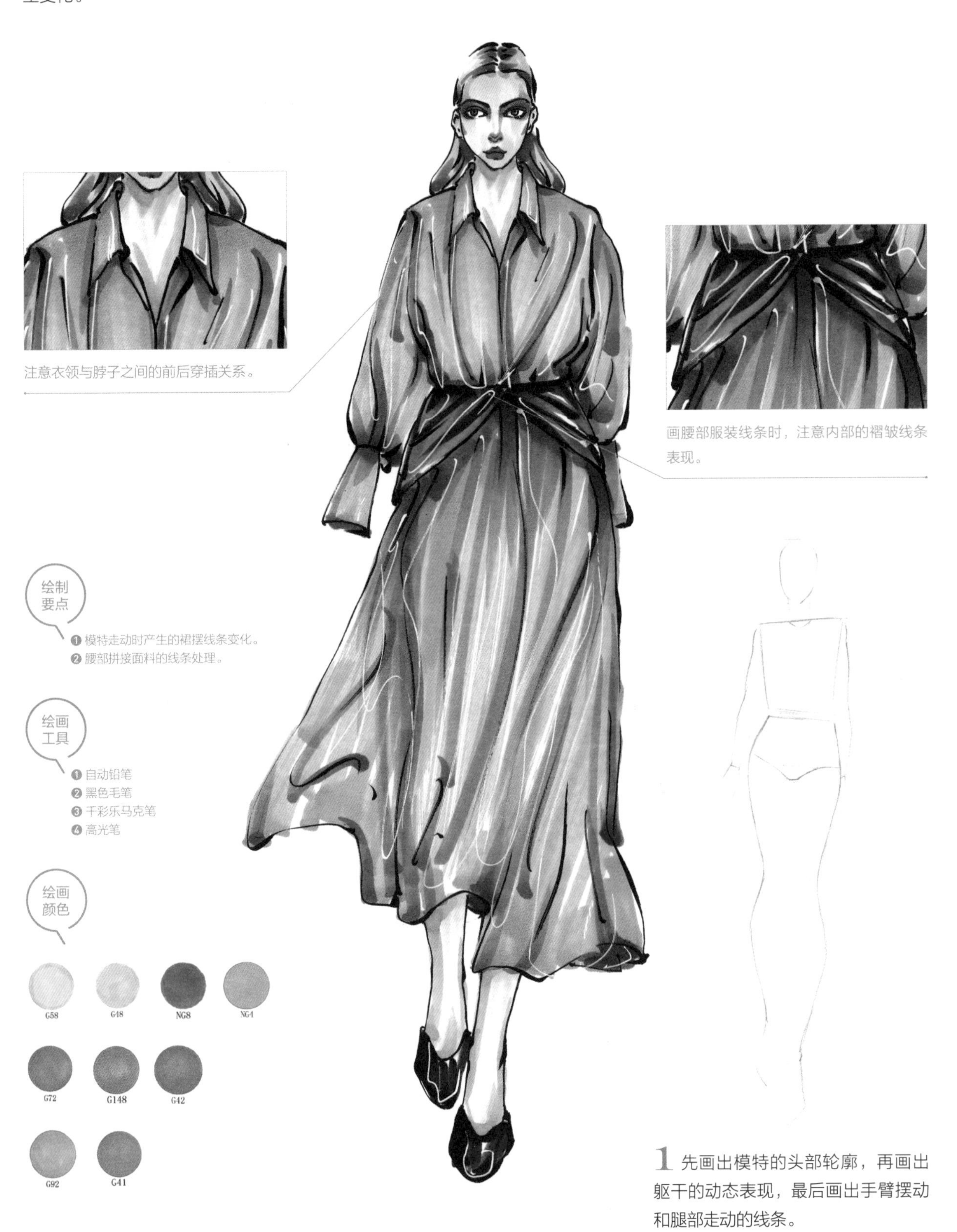

1 先画出模特的头部轮廓，再画出躯干的动态表现，最后画出手臂摆动和腿部走动的线条。

2 根据模特的动态，先画出服装的线条，注意内部褶皱线条的虚实变化，再画出五官、头发和鞋子线条。

提示

画裙摆的前后空间变化关系时，要观察两腿走动时产生的变化。

3 先用黑色毛笔勾勒出五官和头发的线条，再画出拼接裙子的轮廓以及鞋子的轮廓线条，最后深入刻画裙子的内部线条。

4 先用G58号色马克笔画出皮肤的底色，再用G48号色马克笔加深眼窝、眼尾、鼻底、脖子和脚踝位置的暗部颜色。

5 用NG4号色和NG8号色马克笔画出头发的明暗颜色，头发的亮面直接留白处理。

6 用G41号色马克笔画出裙子的固有色，笔触跟着线条的转折变化进行上色。

7 先用G148号色马克笔加深领座底部、腰部以及裙摆底部的暗部颜色，再用G42号色马克笔加深褶皱线条的阴影。

8 先用NG8号色马克笔画出腰部服装的固有色，再用G92号色和G72号色马克笔画出眼部以及嘴唇的颜色。

9 先用NG8号色马克笔画出鞋子的固有色，再用高光笔画出裙子和鞋子的高光。

例063 不规则蓬蓬半裙

这款半裙采用纱质与缎面质感的面料拼接而成，裙摆两边采用不对称的造型设计，既体现了服装的俏皮效果，也增加一丝休闲趣味。

绘制要点

❶ 面部妆容与头发的线条处理。
❷ 蓬蓬裙的内部褶皱线条绘制。

绘画工具

❶ 自动铅笔
❷ 黑色毛笔
❸ 千彩乐马克笔
❹ 高光笔

绘画颜色

G58 G48 NG8 G201
G183 NG4 G93
G70 NG1

画半裙的颜色时，先画出几条虚实变化的褶皱线条，再平铺底色，然后用更深一号颜色加深褶皱线条的暗面，最后画出高光。

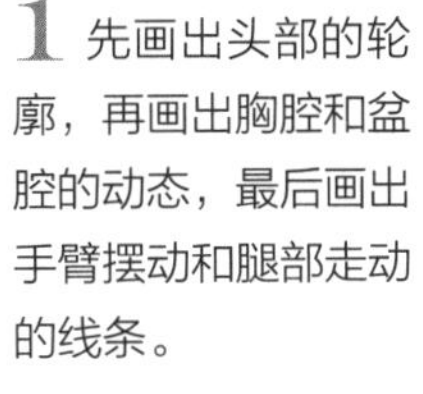

1 先画出头部的轮廓，再画出胸腔和盆腔的动态，最后画出手臂摆动和腿部走动的线条。

2 细致刻画五官和头发线条，画头发的线条时，要仔细观察发迹与额头的位置关系，还要画出头发的蓬松效果，最后画出服装和鞋子的线条。

提示

画五官时要遵循“三庭五眼”的规律，比例要正确。

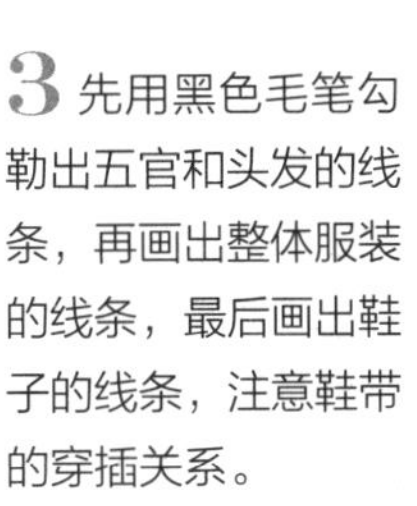

3 先用黑色毛笔勾勒出五官和头发的线条，再画出整体服装的线条，最后画出鞋子的线条，注意鞋带的穿插关系。

4 先用G58号色马克笔画出皮肤的底色，再用G48号色马克笔加深眼窝、鼻底、脖子等位置的暗部颜色。

5 用NG4号色和NG8号色马克笔画出头发颜色的明暗变化。

6 先用NG1号色马克笔画出上衣的暗部颜色，画白色衣服时，只需要画出暗面的颜色即可，再用NG4号色马克笔画出蓬蓬裙的固有色。

7 先用NG8号色马克笔加深蓬蓬裙的褶皱线条的阴影，再用G201号色马克笔画出裙子的缎面质感，然后用G93号色和G70号色马克笔画出眼影和嘴唇的颜色，最后用G183号色马克笔画出上衣的内部图案。

8 先用NG4和NG8号色马克笔画出鞋子的明暗颜色，亮面直接留白处理，再用高光笔点缀出上衣图案的颜色，并画出蓬蓬裙的亮面颜色。

例064 垂褶半裙

这款半裙采用分割和垂褶裙摆的造型设计，能够充分展现女性的优雅美，半裙的颜色为单蓝色，整体的服装给人以时尚感。

1 先画出头部的外轮廓线条和五官的线条，再画出躯干的动态变化，最后画出手臂和腿部的线条表现。

2 先根据头部的轮廓，画出头发的线条，再画出整体服装线条及腰带和鞋子的线条。

提示

画垂褶的内部线条时，要按照几个大方向画出褶皱线。

3 先用黑色毛笔勾勒出五官和头发丝的线条，再画出整体服装的虚实线条变化，最后画出腰带和鞋子的线条。

4 先用G58号色马克笔画出皮肤的底色，再用G48号色马克笔加深眼窝、眼尾、鼻底、脖子和腿部的暗面颜色。

5 用NG4和NG8号色马克笔画出头发的颜色变化。

6 先用黑色毛笔画出眉毛的形状，再用G93号色马克笔画出眼影的颜色，然后用G72号色马克笔画出嘴唇的颜色。

7 先用NG1号色马克笔画出上衣的暗部颜色，再用NG8号色马克笔画出腰带的固有色，最后用G72号色马克笔画出上衣领子的图案。

8 先用G3号色马克笔平铺裙子的底色，再用G183号色马克笔加深裙子垂褶的阴影。

9 先用NG8号色马克笔画出鞋子的固有色，再用高光笔画出裙子和鞋子的高光。

例065 束腰连体裤

这款连体裤的颜色非常亮丽，款式设计上采用小立领、喇叭袖、门襟扣子等的造型元素，给人一种眼前一亮的视觉效果，整体服装的休闲感非常明显。

❶ 头部以及走动时的动态变化表现。
❷ 裤腿位置的线条绘制。

❶ 自动铅笔
❷ 黑色毛笔
❸ 千彩乐马克笔
❹ 高光笔

画束腰带的线条时，要画出上半部分和下半部分衣服上产生的褶皱线条。

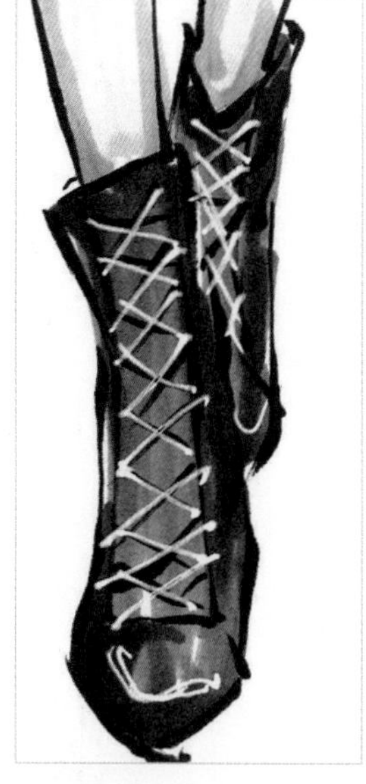

鞋子的线条绘制，主要在于把握好空间的变化关系，以及鞋带的穿插变化。

1 先画出头部的外轮廓线条以及五官，再画出躯干的动态变化以及手臂和腿部的线条。

2 先细致刻画头发丝的线条，再画出连体裤的轮廓线条和内部的褶皱线条，最后画出鞋子的线条。

提示

画连体裤的线条时，先画外部轮廓线，再刻画内部的细节。

3 先用黑色毛笔勾勒出人体的轮廓线条以及五官和头发的线条，再画出连体裤和鞋子的线条。

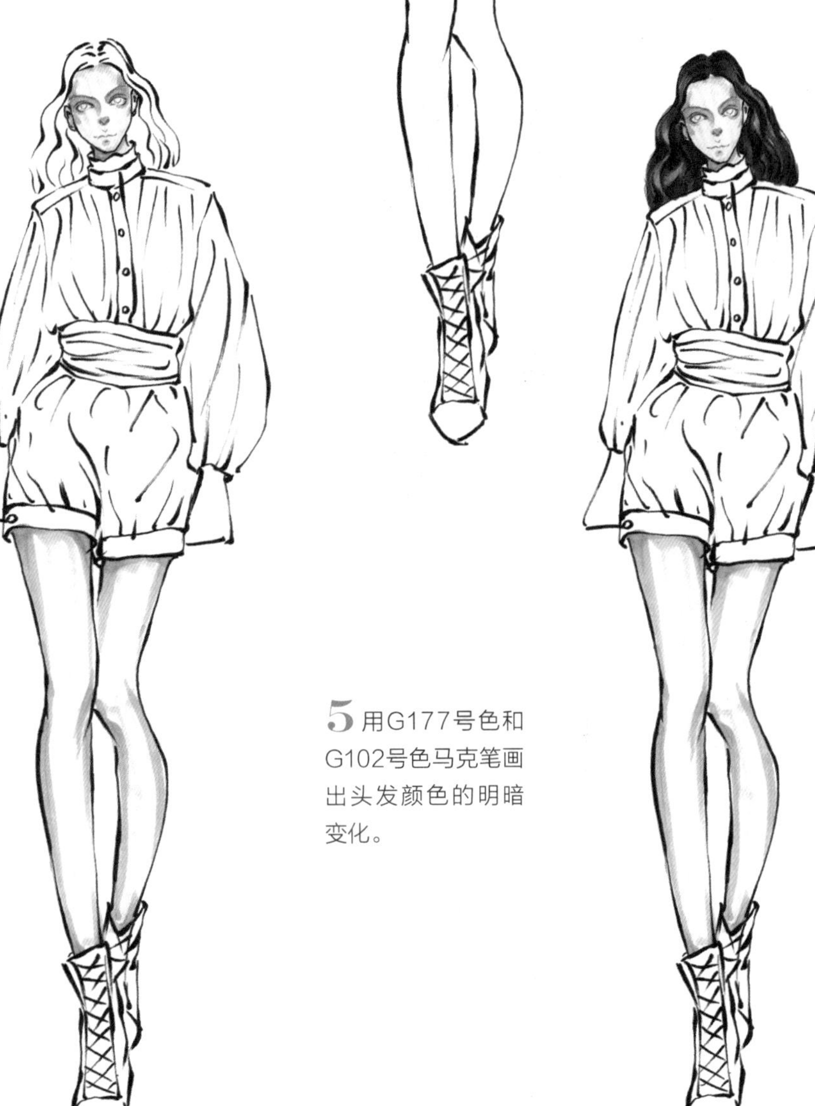

4 先用G58号色马克笔平铺皮肤的底色，再用G48号色马克笔画出眼窝、眼尾、鼻底、脖子和膝盖位置的暗部颜色。

5 用G177号色和G102号色马克笔画出头发颜色的明暗变化。

6 先用NG4号色马克笔画出内搭衣服的领部和手部的颜色，再用G78号色马克笔画出连体裤的固有色，最后用G183号色马克笔画出束腰带的颜色。

7 先用G80号色马克笔加深连体裤的暗部颜色，要根据褶皱线条的转折变化进行上色，再用G183号色马克笔加深束腰带的暗部。

8 先用黑色毛笔画出眉毛的形状，再用G93号色马克笔画出眼影的颜色，然后用G78号色马克笔画出嘴唇的颜色。

9 先用NG4号色和NG8号色马克笔画出鞋子颜色的明暗变化，再用高光笔画出连体裤和鞋子的高光。

例066 系带开口上衣

这款上衣的设计元素比较丰富，蝴蝶结领、门襟开口处理、灯笼袖，这些设计元素充分体现出整款衣服的时尚效果，搭配同色系的短裤，给人一种轻松愉悦的着装气氛。

画卷发时，先勾勒出卷发的线条，再画出卷发的底色，然后用更深的颜色加深卷发的暗部。

绘制衣服的颜色时，先画出内部的褶皱线条，再画出衣服的固有色，最后画出条纹面料的线条。

绘制要点

❶ 卷发的线条处理。
❷ 条纹面料与服装内部的褶皱线条的变化。

绘画工具

❶ 自动铅笔
❷ 黑色毛笔
❸ 千彩乐马克笔
❹ 高光笔

绘画颜色

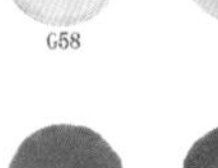

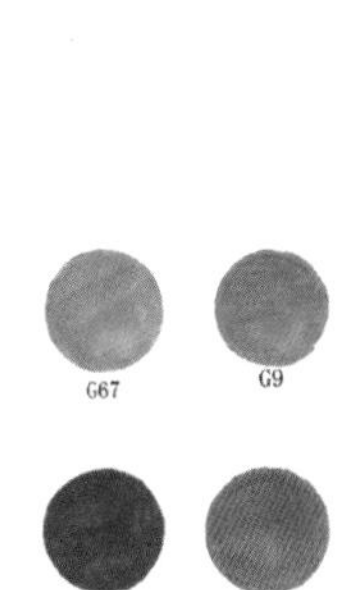

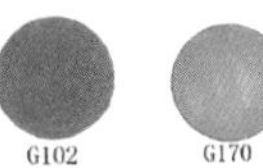

G58 G48 G67 G9

NG8 G16 G201 G80

G102 G170

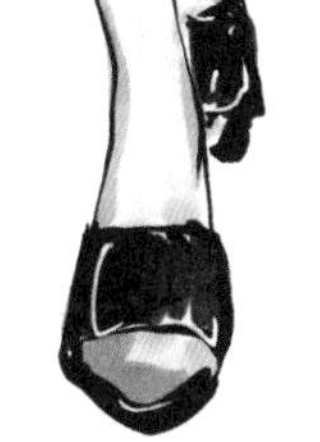

1 先画出头部轮廓，再刻画五官线条，然后根据躯干的动态变化，画出手臂和腿部的线条。

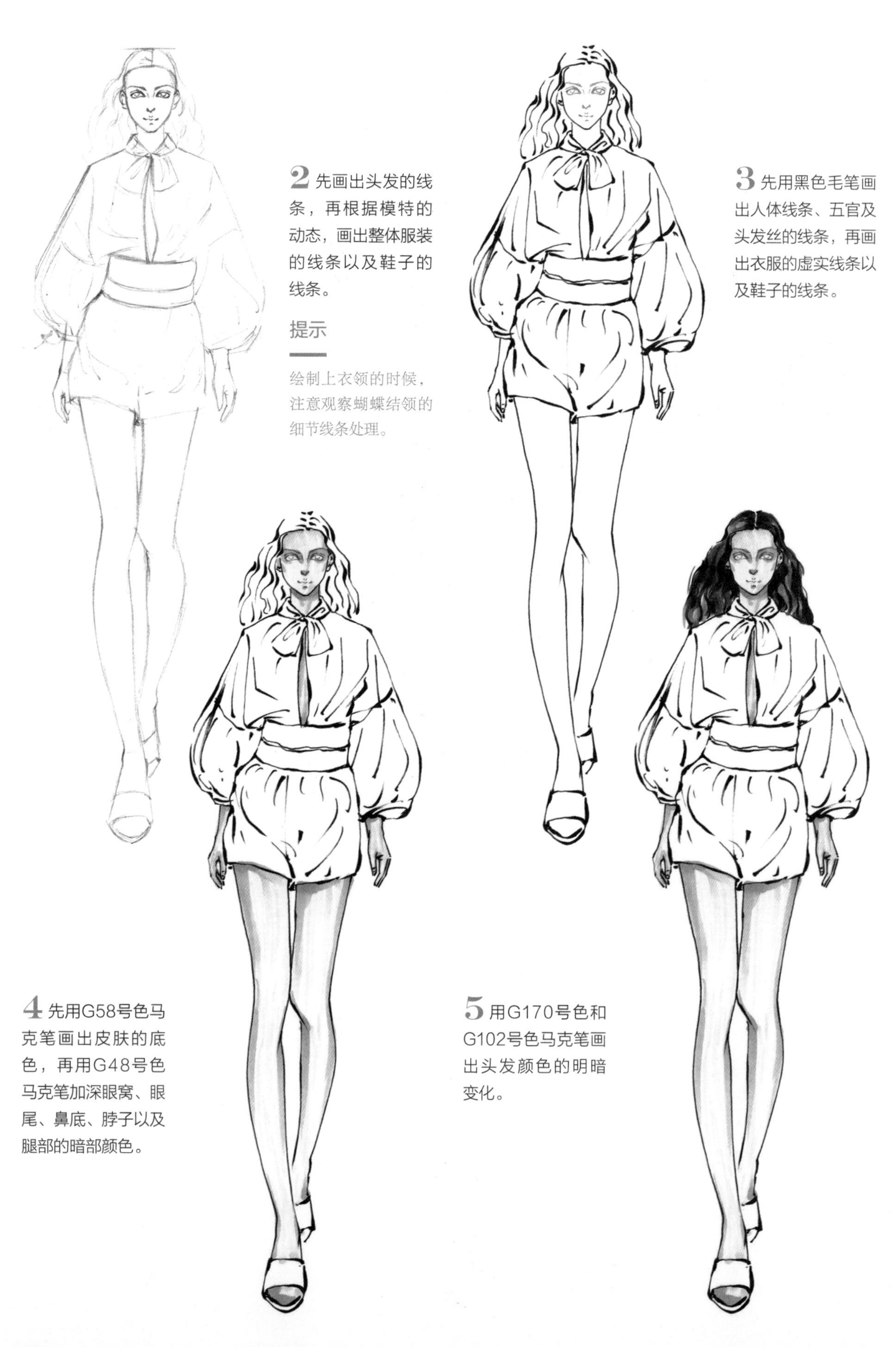

2 先画出头发的线条，再根据模特的动态，画出整体服装的线条以及鞋子的线条。

提示

绘制上衣领的时候，注意观察蝴蝶结领的细节线条处理。

3 先用黑色毛笔画出人体线条、五官及头发丝的线条，再画出衣服的虚实线条以及鞋子的线条。

4 先用G58号色马克笔画出皮肤的底色，再用G48号色马克笔加深眼窝、眼尾、鼻底、脖子以及腿部的暗部颜色。

5 用G170号色和G102号色马克笔画出头发颜色的明暗变化。

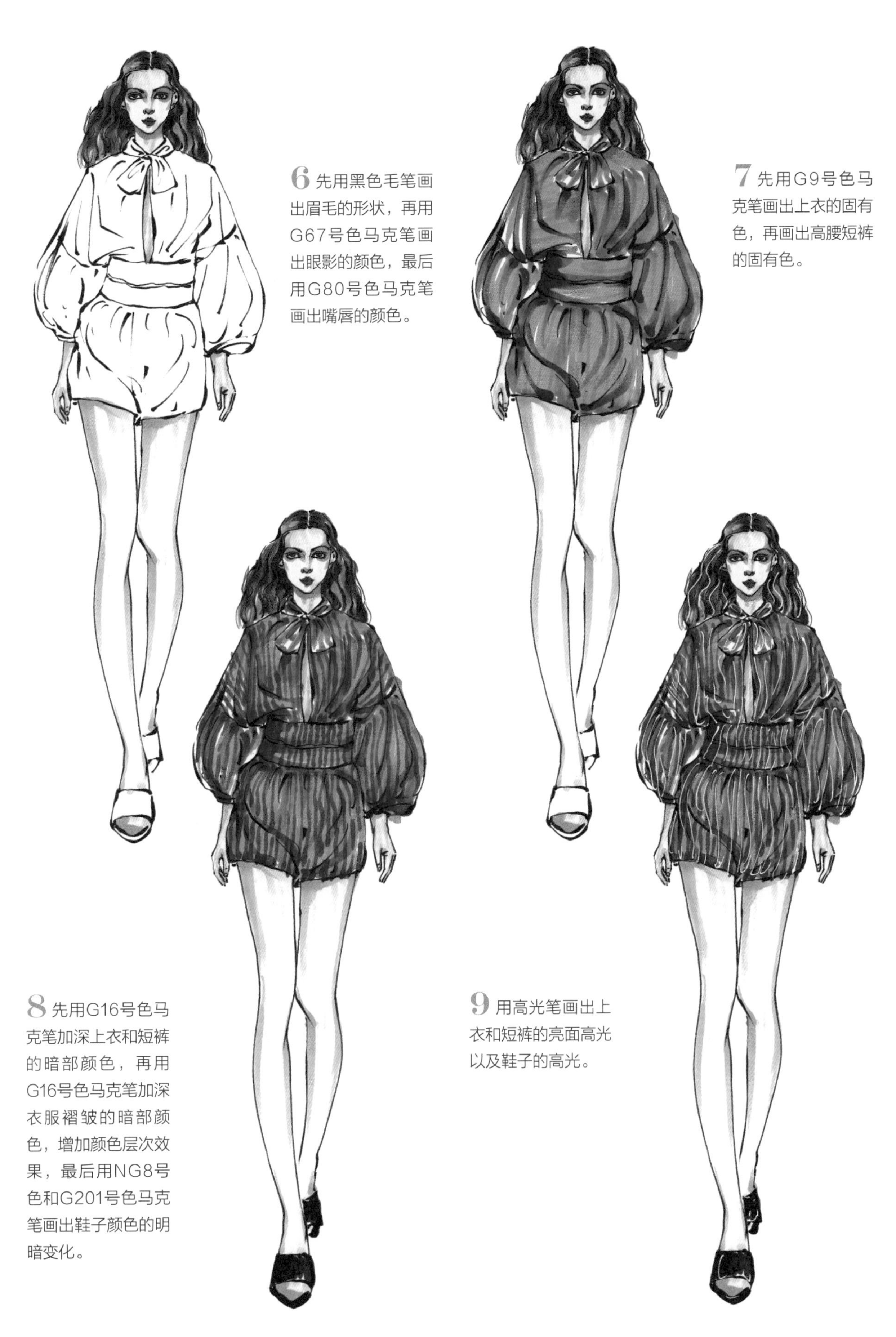

6 先用黑色毛笔画出眉毛的形状，再用G67号色马克笔画出眼影的颜色，最后用G80号色马克笔画出嘴唇的颜色。

7 先用G9号色马克笔画出上衣的固有色，再画出高腰短裤的固有色。

8 先用G16号色马克笔加深上衣和短裤的暗部颜色，再用G16号色马克笔加深衣服褶皱的暗部颜色，增加颜色层次效果，最后用NG8号色和G201号色马克笔画出鞋子颜色的明暗变化。

9 用高光笔画出上衣和短裤的亮面高光以及鞋子的高光。

第6章 时尚系列服装的绘制

在女装领域，时尚系列是最受大众女性喜爱的，这类服装面料选材丰富，配饰时尚，颜色亮丽，款式多样。

例067 皮革背心裙

这款皮革背心裙选用的是鳄鱼皮面料，采用小圆领的直筒造型设计，搭配翻领衬衫以及夸张的耳饰品，充分体现摩登的视觉效果。

面部妆容的颜色绘制，注意眼部妆容与腮红以及嘴唇颜色统一，最主要的是突出眼影的颜色，能够体现面部立体感。

绘制鳄鱼皮面料的颜色时，先用黑色毛笔画出面料的纹理，再平铺面料颜色的明暗变化，最后画出高光。

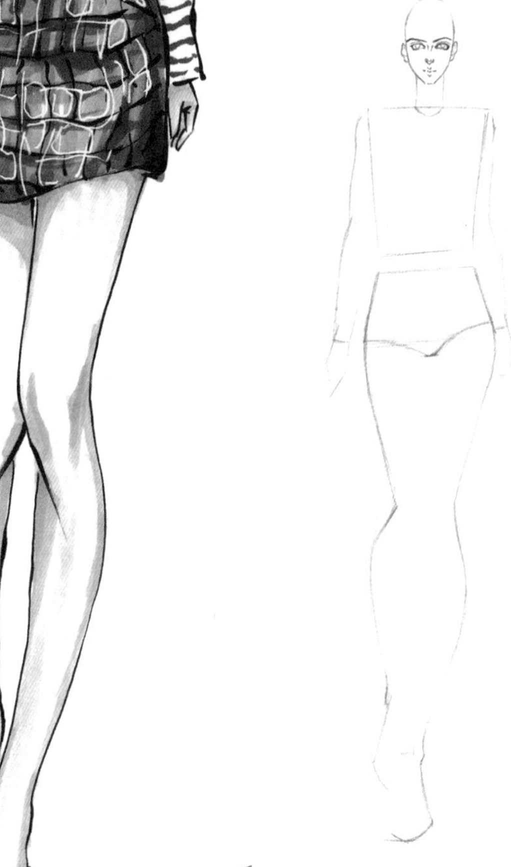

绘制
要点

❶ 鳄鱼皮服装面料的颜色处理。
❷ 绘制人体动态线条时，注意两腿之间的前后关系。

绘画
工具

❶ 自动铅笔
❷ 黑色毛笔
❸ 千彩乐马克笔
❹ 高光笔

绘画
颜色

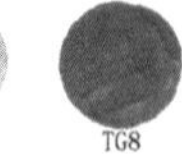

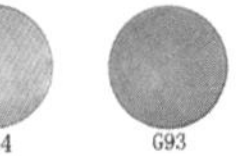

1 先画出头部的外轮廓线条，再仔细刻画五官的线条，然后画出胸腔和盆腔的动态表现，最后画出摆动的手臂及腿部的线条。

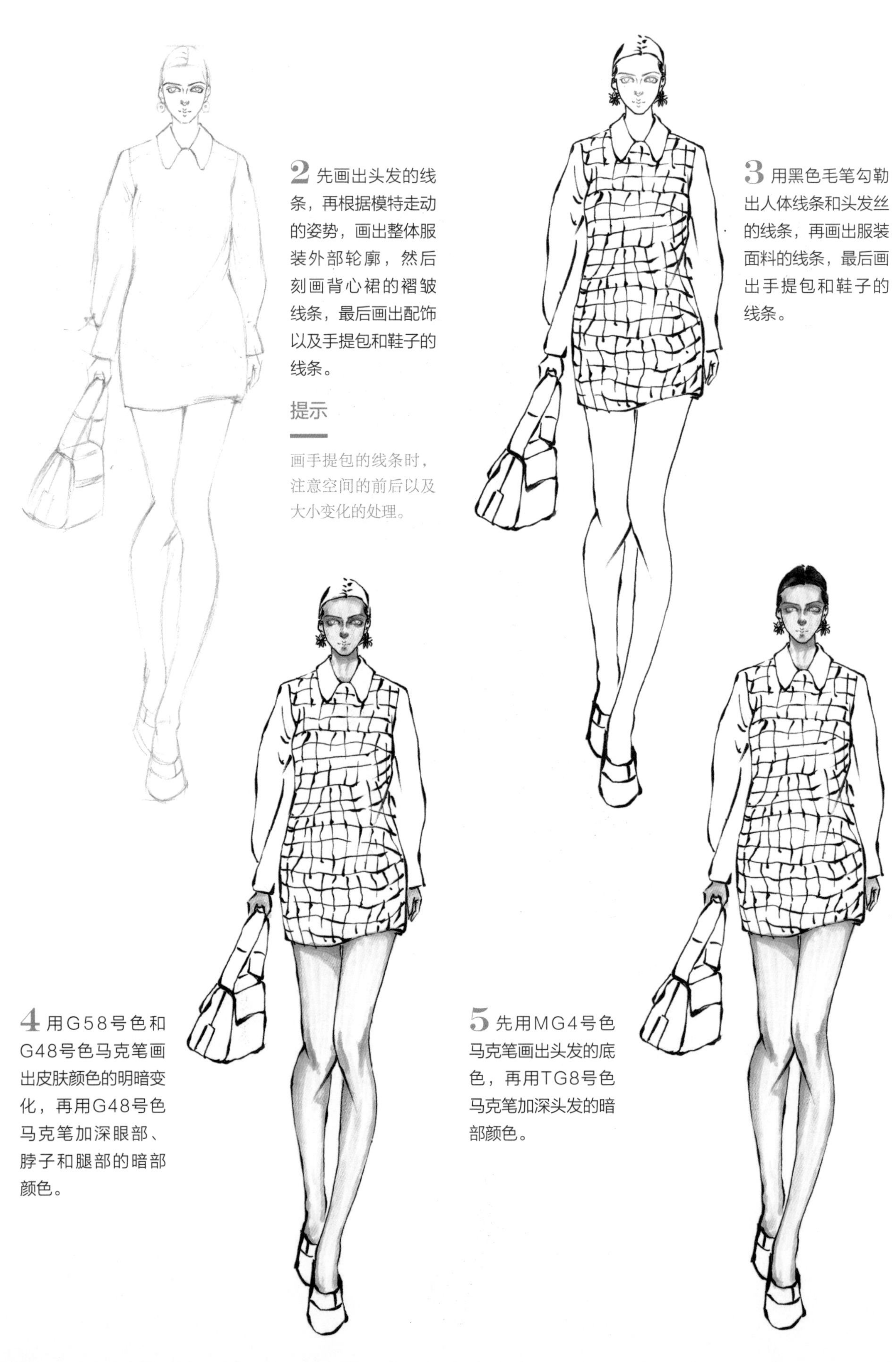

2 先画出头发的线条，再根据模特走动的姿势，画出整体服装外部轮廓，然后刻画背心裙的褶皱线条，最后画出配饰以及手提包和鞋子的线条。

提示

画手提包的线条时，注意空间的前后以及大小变化的处理。

3 用黑色毛笔勾勒出人体线条和头发丝的线条，再画出服装面料的线条，最后画出手提包和鞋子的线条。

4 用G58号色和G48号色马克笔画出皮肤颜色的明暗变化，再用G48号色马克笔加深眼部、脖子和腿部的暗部颜色。

5 先用MG4号色马克笔画出头发的底色，再用TG8号色马克笔加深头发的暗部颜色。

6 先用黑色毛笔画出眉毛的形状，再用G93号色马克笔画出眼影的颜色，最后用G80号色马克笔画出嘴唇的颜色。

7 先用G92号色马克笔平铺背心裙的底色，再用G170号色马克笔加深裙子的暗部颜色。

8 先用G177号色马克笔加深裙子的暗部颜色，再用G80号色马克笔画出条纹衬衫的颜色。

9 先用NG4号色和NG8号色马克笔画出手提包颜色的明暗变化，再用G80号色和G182号色马克笔画出鞋子的固有色，最后用高光笔画出鳄鱼皮裙子的高光以及包和鞋子的高光。

例068 黑色皮裤

这款黑色皮裤采用的是直筒裤型的造型设计，裤型简约，视觉效果颇具时尚感。

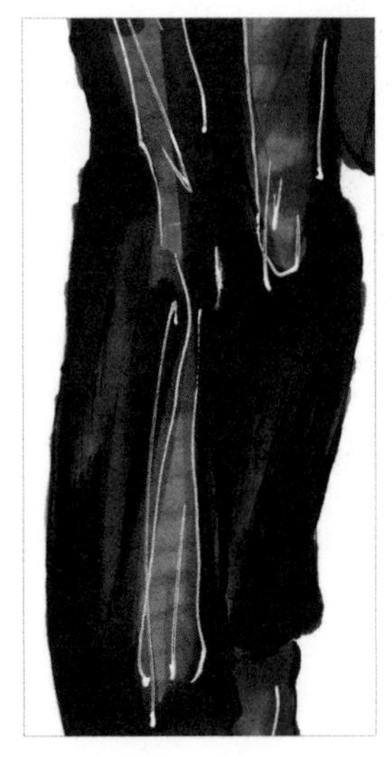

皮裤光泽感的表现，先画出裤子的明暗颜色变化，再画出高光，这样，面料的光泽感就体现出来了。

绘制要点

❶ 皮草的颜色处理。
❷ 皮革裤子面料的光泽感和颜色表现。

绘画工具

❶ 自动铅笔
❷ 黑色毛笔
❸ 千彩乐马克笔
❹ 0.5mm黑色针管笔
❺ 高光笔

绘画颜色

G58

G48

NG8

G201

G80

G103

G121

G161

NG4

G72
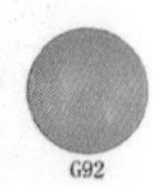
G92

1 先画出头部的外部轮廓线条，再深入刻画五官和头发的线条，然后画出躯干的动态表现，最后画出手臂的摆动姿势和腿部走动姿势的线条。

2 先画出头发的线条走向，再画出外套以及裤子的轮廓线条以及内部的褶皱线，最后画出手提包和鞋子的线条。

提示

画裤子的线条时，注意两腿之间因走动产生的前后线条变化以及褶皱线的处理。

3 先用黑色毛笔画出人体的线条和头发丝的线条，再画出皮草外套和皮裤的线条，最后画出包和鞋子的轮廓线条。

提示

画皮草线条时，可以一段一段分单元画出皮草的轮廓线条。

4 先用G58号色马克笔画出皮肤的底色，再用G48号色马克笔画出眼窝、鼻底、脖子以及手肘位置的暗部颜色。

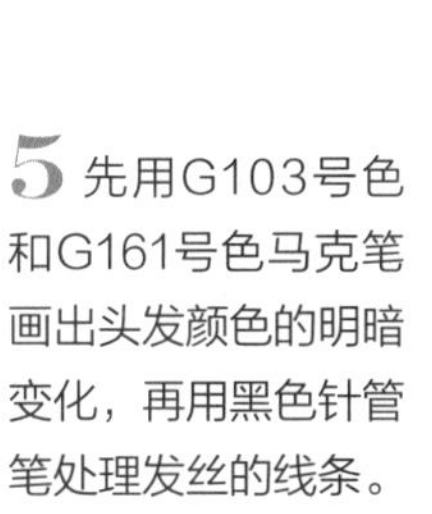

5 先用G103号色和G161号色马克笔画出头发颜色的明暗变化，再用黑色针管笔处理发丝的线条。

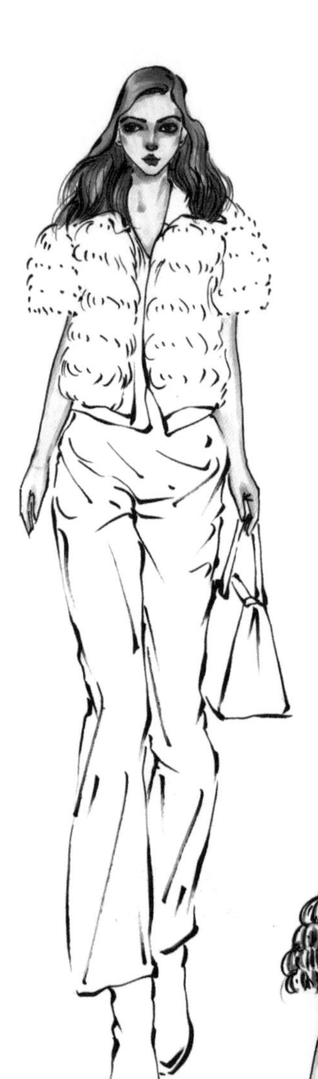

6 先用G48号色马克笔加深鼻梁和鼻底的暗部颜色，再用G92号色和G72号色马克笔画出眼影和嘴唇的颜色。

7 先用NG4号色马克笔画出上衣的底色，再用NG8号色马克笔画出皮草毛毛的线条，然后用G201号色马克笔画出暗部皮草线条，最后用G72号色马克笔画出领子和下摆的颜色。

8 先用NG4号色马克笔平铺裤子的底色，再用NG8号色马克笔画出裤子的暗部颜色，最后用G201号色马克笔加强裤子褶皱的阴影。

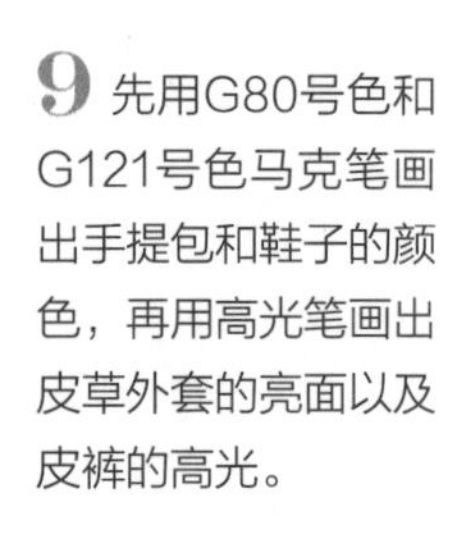

9 先用G80号色和G121号色马克笔画出手提包和鞋子的颜色，再用高光笔画出皮草外套的亮面以及皮裤的高光。

例069 门襟褶皱衬衫

这款衬衫的亮点主要在于门襟褶皱的造型设计，这种设计为基础款衬衫增添了一丝时尚元素。

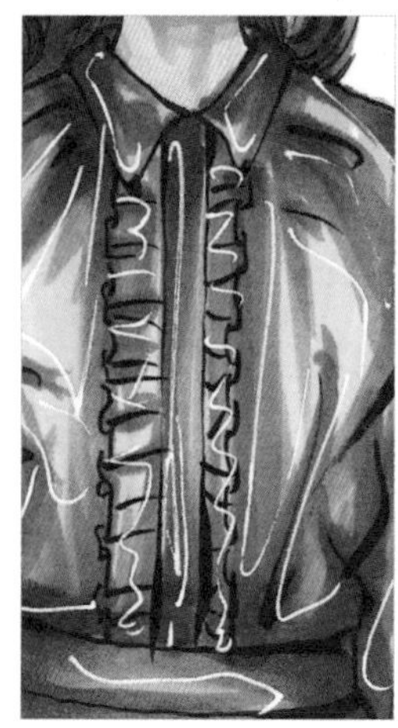

画褶皱线条时，注意褶皱线条的起伏变化以及穿插交错的处理。

绘制要点

❶ 注意褶皱衬衫的线条表现。
❷ 高筒靴的轮廓处理。

绘画工具

❶ 自动铅笔
❷ 黑色毛笔
❸ 千彩乐马克笔
❹ 高光笔

绘画颜色

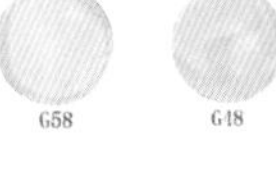

G58 G48 G78 G102

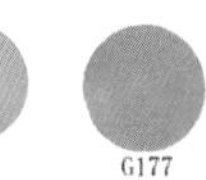

G161 G177 G175 G131

G153 G93 G170

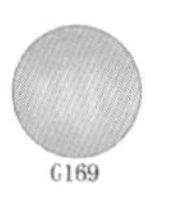

G169 G92

1 先画出头部和五官的线条，再画出躯干的动态变化，以及手臂摆动的线条和腿部走动时的线条。

2 先根据画好的头部，画出头发丝的整体走向，再根据模特走动的姿势，画出衬衫和半裙的轮廓线条以及内部的细节和褶皱线，最后画出靴子的线条。

提示

画衬衫时，先画出外轮廓线条，再画出门襟的褶皱线条以及手臂摆动时产生的褶皱线。

3 先用黑色毛笔勾勒人体轮廓线条和头发的线条，再画出整体服装的虚实线条变化以及靴子的线条。

4 先用G58号色马克笔画出皮肤的底色，再用G58号色马克笔加深皮肤的暗部颜色，然后用G48号色马克笔加深眼部、鼻底、脖子和膝盖的暗部颜色。

5 先用G169号色马克笔平铺头发的底色，再用G161号色马克笔画出头发的暗部颜色，然后用G177号色马克笔加深脖子后面的暗部颜色。

6 先用黑色毛笔画出眉毛的形状，再用G93号色马克笔画出眼影的颜色，最后用G78号色马克笔画出嘴唇的颜色。

7 先用G175号色马克笔画出衬衫的底色，再用G131号色马克笔加深衬衫的暗部，最后用G153号色马克笔加深门襟和褶皱线的阴影。

8 先用G92号色马克笔画出半裙的暗部颜色，再用G170号色马克笔加深暗部的颜色，最后用G177号色马克笔再一次加深暗面，增加颜色的层次效果。

9 先用G177号色马克笔画出靴子的固有色，注意亮面直接留白处理，再用G102号色马克笔加深靴子的暗部，最后用高光笔画出衬衫、半裙以及靴子的高光。

例070 西装外套

这款西装采用戗驳领、翻盖口袋以及收腰的造型设计，搭配雪纺百褶裙，既能够体现女性的干练，又不失时尚感。

绘制西装戗驳领位置的颜色时，先画出西装的底色，再画出戗驳领底部的暗面颜色，最后画出高光颜色。

1 先画出头部的外轮廓线条，再画出胸腔和盆腔的动态线条，最后画出手臂和腿部的线条。

2 先根据画好的头部线条，画出头发的线条，再画出西装外套的外轮廓线条，然后深入刻画西装的内部细节以及百褶裙的线条，最后画出手提包和鞋子的线条。

提示

画西装外套线条时，要仔细观察人体走动时外套的起伏变化而产生的线条。

3 先用黑色毛笔勾勒出人体的轮廓线条，再画出头发的线条，画服装线条时注意轮廓线条以及褶皱线的虚实变化，最后画出包和鞋子的线条。

4 先用G58号色马克笔画出皮肤的底色，直接用宽头笔触平铺颜色，再用G48号色马克笔画出眼部、鼻底、脖子以及腿部的暗部颜色。

5 先用MG4号色和TG8号色马克笔画出头发颜色的明暗变化，再用TG8号色马克笔强调头发的暗面。

6 先用黑色毛笔画出眉毛的形状，画眉毛时，眉头可以适当画宽一些，慢慢往眉尾画细，再用G93号色马克笔画出眼影的颜色，然后用G48号色马克笔画出鼻梁的暗面，最后用G78号色马克笔画出嘴唇的颜色。

7 先用MG4号色马克笔画出外套的底色，笔触的处理要根据轮廓的转折线进行，再用TG8号色马克笔加深外套的暗部颜色。

8 用NG4号色马克笔画雪纺面料百褶裙的颜色时，一定要注意亮面的留白处理，先用NG8号色马克笔画出暗面的颜色，要根据褶皱的转折进行上色，再用G201号色马克笔加深百褶裙的暗面，最后用G201号色马克笔画出鞋子的颜色。

9 先用G169号色和G161号色马克笔画出手提包颜色的明暗变化，再用高光笔画出西装外套、百褶裙、鞋子和手提包的高光。

例071 花朵图案长裙

这款长裙选用花朵图案面料，运用垂褶和大裙摆的造型设计，再搭配牛仔面料的衬衫，给人一种清新、时尚的视觉效果。

2 先画出五官和头发丝的线条，再根据人体的动态，画出衬衫和长裙内部的褶皱线条和外轮廓的线条，最后画出鞋子的线条。

提示

画服装的线条时，注意人体动态引起的服装起伏摆动，以及内部褶皱的变化。

3 先用黑色毛笔勾勒出人体的轮廓线条，再画出头发丝的线条，然后画出衬衫和长裙的虚实变化线条以及花朵图案，最后画出鞋子的线条。

4 先用G58号色马克笔平铺皮肤的底色，再用G48号色马克笔加强眼窝、鼻底、脖子、手部和足部的暗部颜色，增强皮肤的层次变化。

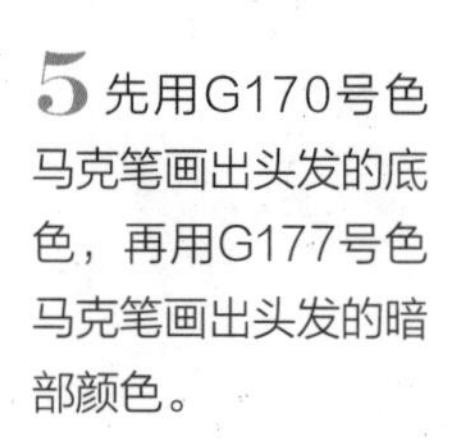

5 先用G170号色马克笔画出头发的底色，再用G177号色马克笔画出头发的暗部颜色。

6 先用G3号色马克笔画出衬衫的底色，再用G183号色马克笔画出衬衫的暗部，最后用G183号色马克笔加强领子底部和褶皱线条的阴影。

7 先用黑色毛笔画出眉毛的形状，再用G48号色马克笔加强鼻梁的暗部，然后用G92号色马克笔画出眼影的颜色，最后用G80号色马克笔画出嘴唇的颜色。

8 先用G70号色马克笔画出花朵的底色，再用G72号色马克笔画出花朵的暗面，然后用G175号色和G153号色马克笔画出叶子的明暗，最后用G201号色马克笔画出腰带的固有色。

9 先用G80号色马克笔画出鞋子的固有色，再用高光笔画出衬衫、花朵和鞋子的高光。

例072 皮革半裙

这款半裙的亮点在于高腰的造型设计。皮革面料以及带有前分割线等元素的半裙，整体的服装视觉效果非常有时尚感。

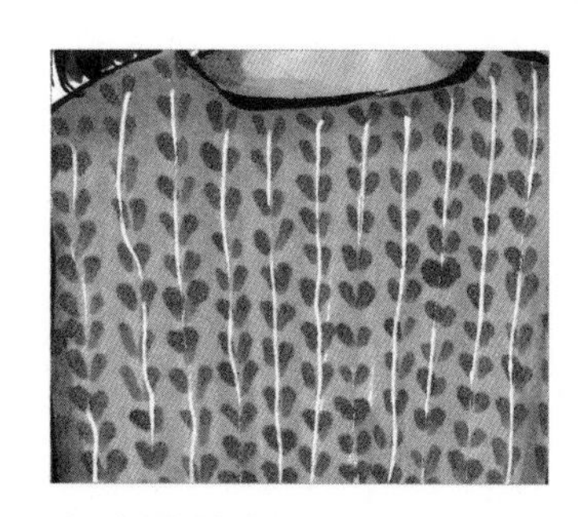

画毛衣面料的质感时，先画出毛衣颜色的明暗变化，再表现出毛衣的质感。

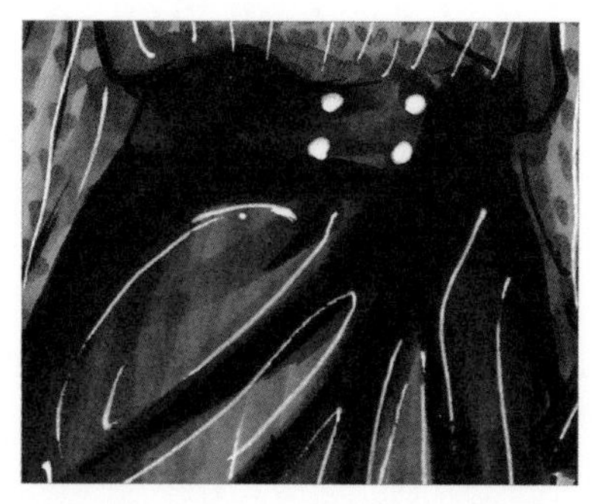

短款皮裙的颜色绘制，一定要加强明暗颜色的对比以及褶皱线位置的阴影，注意高光的位置。

绘制要点

❶ 毛衣面料质感的表现。
❷ 皮革半裙的颜色绘制。

绘画工具

❶ 自动铅笔
❷ 黑色毛笔
❸ 千彩乐马克笔
❹ 0.5mm黑色针管笔
❺ 高光笔

绘画颜色

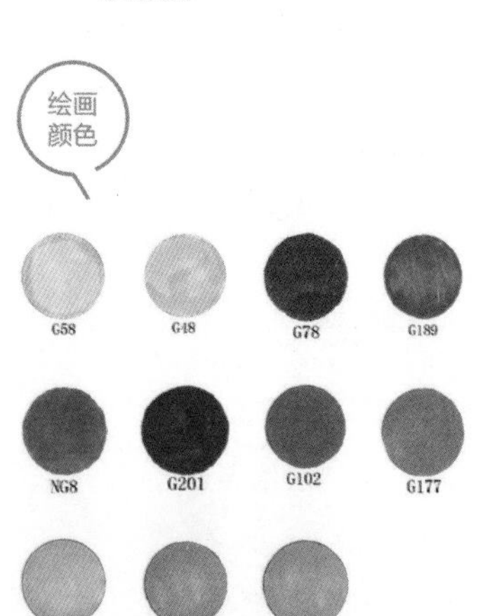

1 先画出头部的外轮廓，再刻画五官，然后画出躯干的动态，最后画出手臂摆动以及腿部走动的线条。

2 先画出头发的线条，再根据人体的动态，画出整体服装的轮廓线条以及内部的褶皱线条，最后画出鞋子的线条。

提示

画裙摆的线条时，注意根据腿部动态画出裙摆的前后空间关系。

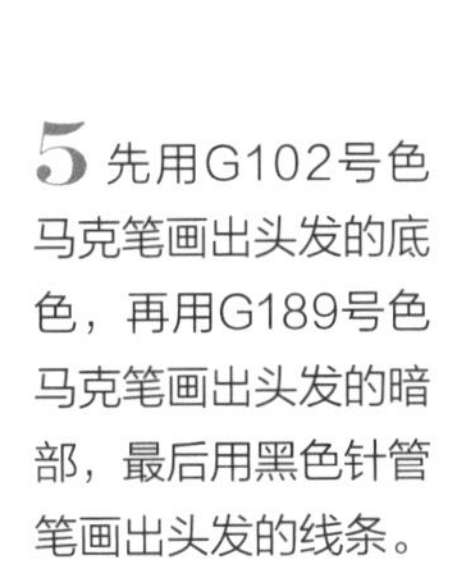

3 先用黑色毛笔勾勒头部的轮廓，再画出头发的线条及整体服装的虚实线条变化，最后画出鞋子的线条。

4 用G58号色和G48号色马克笔画出皮肤的明暗颜色，再用G48号色马克笔加强眼窝、鼻底、脖子和腿部的暗部。

5 先用G102号色马克笔画出头发的底色，再用G189号色马克笔画出头发的暗部，最后用黑色针管笔画出头发的线条。

6 先用黑色毛笔画出眉毛的形状，再用G92号色马克笔画出眼影的颜色，最后用G78号色马克笔画出嘴唇的颜色。

7 先用G92号色和G170号色马克笔画出毛衣颜色的明暗变化，再用G177号色马克笔画出毛衣的质感，最后用NG8号色马克笔画出衣服袖子的颜色。

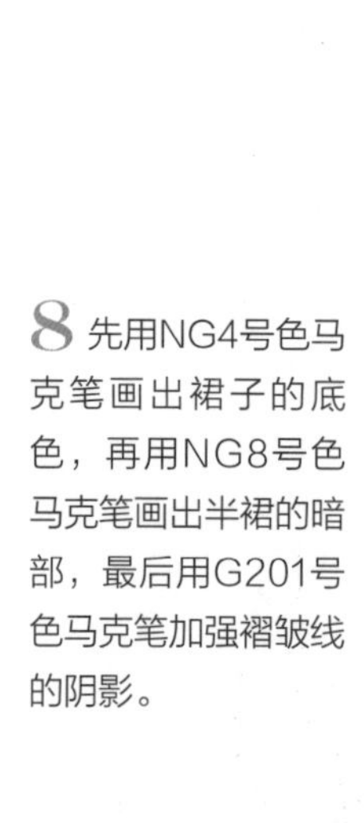

8 先用NG4号色马克笔画出裙子的底色，再用NG8号色马克笔画出半裙的暗部，最后用G201号色马克笔加强褶皱线的阴影。

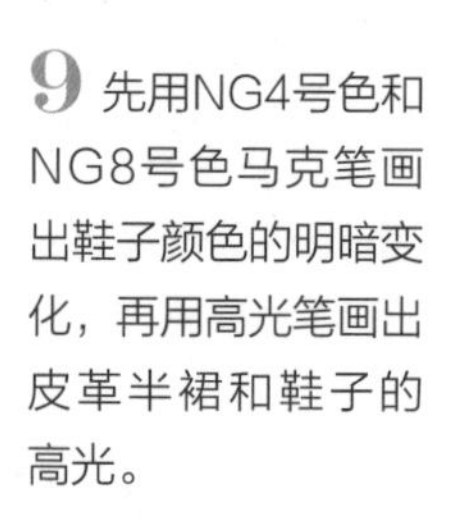

9 先用NG4号色和NG8号色马克笔画出鞋子颜色的明暗变化，再用高光笔画出皮革半裙和鞋子的高光。

例073 牛仔外套

这款牛仔外套采用基础款衬衫的内部结构样式进行设计，加以收腰造型，既能体现服装的时尚效果，也能展现休闲趣味。

绘制要点

❶ 牛仔外套的质感以及内部线迹的线条表现。
❷ 长靴颜色的绘制。

绘画工具

❶ 自动铅笔
❷ 黑色毛笔
❸ 千彩乐马克笔
❹ 0.5mm黑色针管笔
❺ 高光笔

绘画颜色

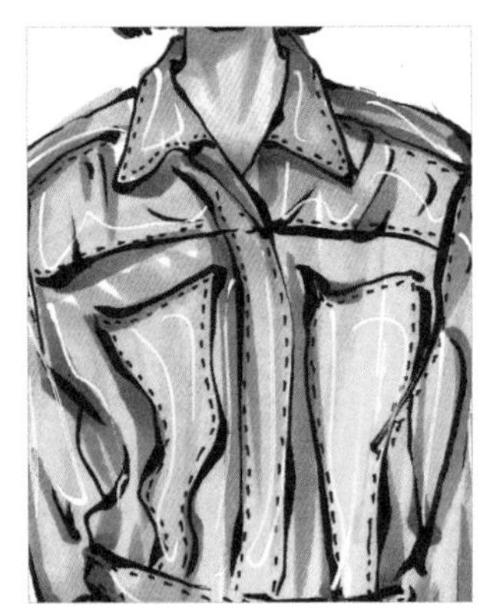

牛仔外套的颜色的明暗表现不是很强烈，主要在于内部的线迹以及高光的处理。

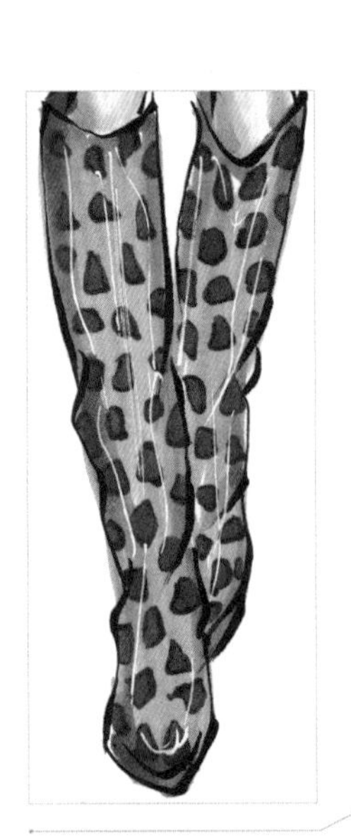

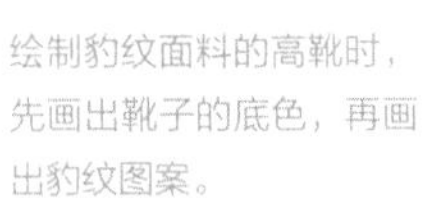

绘制豹纹面料的高靴时，先画出靴子的底色，再画出豹纹图案。

1 先画出头部的轮廓线条，再画出胸腔和盆腔的动态体块，最后画出手臂摆动以及腿部走动时的线条。

2 先刻画五官以及头发的线条，再根据人体动态，画出整体服装的外轮廓线条、内部的线迹线和褶皱线，最后画出靴子的线条。

提示

画牛仔外套的线条时，随着人体的动态变化，衣服内部的线迹也会产生扭曲变化。

3 先用黑色毛笔画出人体的线条和头发的线条，再画出整体服装的外轮廓线条及内部细节线条和褶皱线。

4 先用G58号色马克笔画出皮肤的底色，再用G48号色马克笔加强眼窝、眼尾、鼻底、脖子以及腿部阴影的颜色。

5 用MG4号色和TG8号色马克笔画出头发的明暗颜色。

6 先用黑色毛笔画出眉毛的形状，并勾勒出眼部的轮廓线条，再用G65号色马克笔画出眼部以及鼻梁的暗面，然后用G80号色马克笔画出嘴唇的颜色。

7 用G183号色马克笔画出外套和短裤的固有色，注意要根据服装的转折变化进行上色。

8 先用G9号色马克笔画出外套和短裤的暗部颜色以及褶皱的阴影，再用G80号色马克笔画出外套的装饰颜色，最后用0.5mm黑色针管笔画出外套内部的线迹。

9 先用G170号色马克笔画出靴子的底色，再用G177号色马克笔画出靴子的图案，最后用高光笔画出牛仔外套以及靴子的高光。

例074 双层领上衣

这款上衣采用双层褶皱绑带领搭配灯笼袖的造型设计，整体服装款式体现出非常强烈的时尚效果。

绘制上衣领子时，注意褶皱领的穿插关系。

绘制要点

❶ 双层领上衣的造型线条。
❷ 绘制人体动态时，注意腿部的前后关系。

绘画工具

❶ 自动铅笔
❷ 黑色毛笔
❸ 千彩乐马克笔
❹ 0.5mm黑色针管笔
❺ 高光笔

绘画颜色

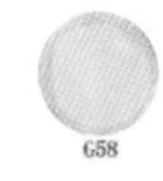
G58

G48

G78

G189

TG8

NG8

G102

G177

NG4

G93

G146

G170

G169

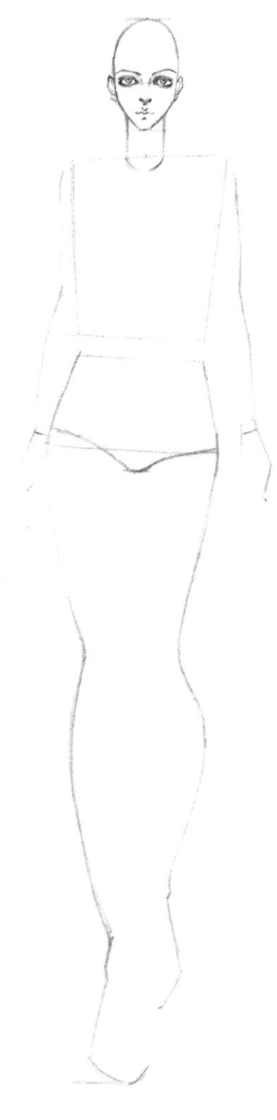

1 先画出头部的轮廓线条以及五官的线条，再画出躯干的动态，最后画出手臂和腿部的线条。

2 先刻画出头发的线条，再画出上衣的轮廓线条和褶皱线条，最后画出鞋子和短裙的线条。

提示

画灯笼袖时，为表现灯笼袖的蓬松感，要仔细画出褶皱线条的变化。

3 先用黑色毛笔画出人体的线条，注意笔触要流畅，再画出服装的轮廓线条以及褶皱线，最后刻画鞋子的细节。

4 先用G58号色马克笔画出皮肤的底色，再用G48号色马克笔加深眼部、鼻底、脖子和腿部的暗部颜色。

5 先用G189号色马克笔画出头发的底色，再用TG8号色马克笔加深头发的暗部，最后用黑色针管笔画出头发的线条。

6 先用黑色毛笔画出眉毛的形状，并勾勒出眼睛的轮廓线条，再用G93号色马克笔画出眼影的颜色，最后用G78号色马克笔画出嘴唇的颜色。

7 先用G170号色马克笔画出上衣的底色，再用G177号色马克笔画出上衣的暗部，然后用G102号色马克笔加深褶皱阴影的颜色。

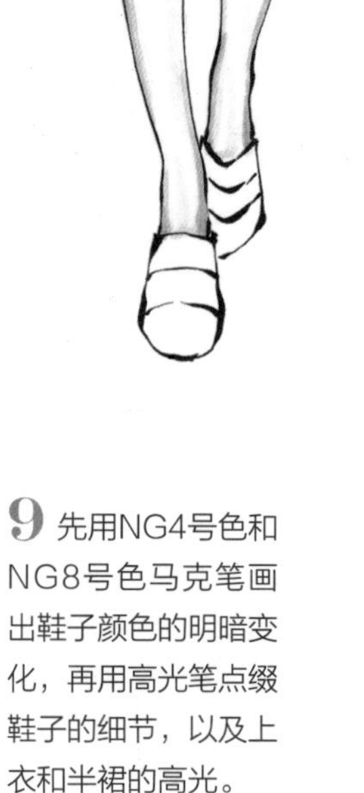

8 先用G146号色、G78号色以及G169号色马克笔画出半裙的图案、颜色，再用黑色毛笔点缀出图案的细节。

9 先用NG4号色和NG8号色马克笔画出鞋子颜色的明暗变化，再用高光笔点缀鞋子的细节，以及上衣和半裙的高光。

例075 不对称外套

这款外套采用的是不对称的设计理念，西装外套搭配T恤背心裙的造型，既能体现女性的干练，也能展现休闲元素。

绘制要点

❶ 注意人体动态线条的绘制。
❷ 不对称服装的线条表现。

绘画工具

❶ 自动铅笔
❷ 黑色毛笔
❸ 千彩乐马克笔
❹ 高光笔

绘画颜色

G58 G48 G67 G9
G16 G80 G183 G102
G177 NG4 G72 NG1

绘制衣服的颜色时，要准确画出衣服的线条，绘制内部线条时注意线条的虚实变化，最后再画出颜色的明暗变化。

1 先画出头部的外轮廓，再画出胸腔和盆腔的体块动态，最后画出手臂和腿部的线条。

2 仔细刻画五官及头发的线条，再根据人体动态，画出服装的轮廓以及褶皱线的虚实变化，最后画出鞋子的线条。

提示

画搭在衣服上的头发时，注意发尾线条的起伏和蓬松感的处理。

3 先用黑色毛笔勾勒人体的线条以及头发的线条，再画出衣服线条的虚实变化和鞋子的轮廓。

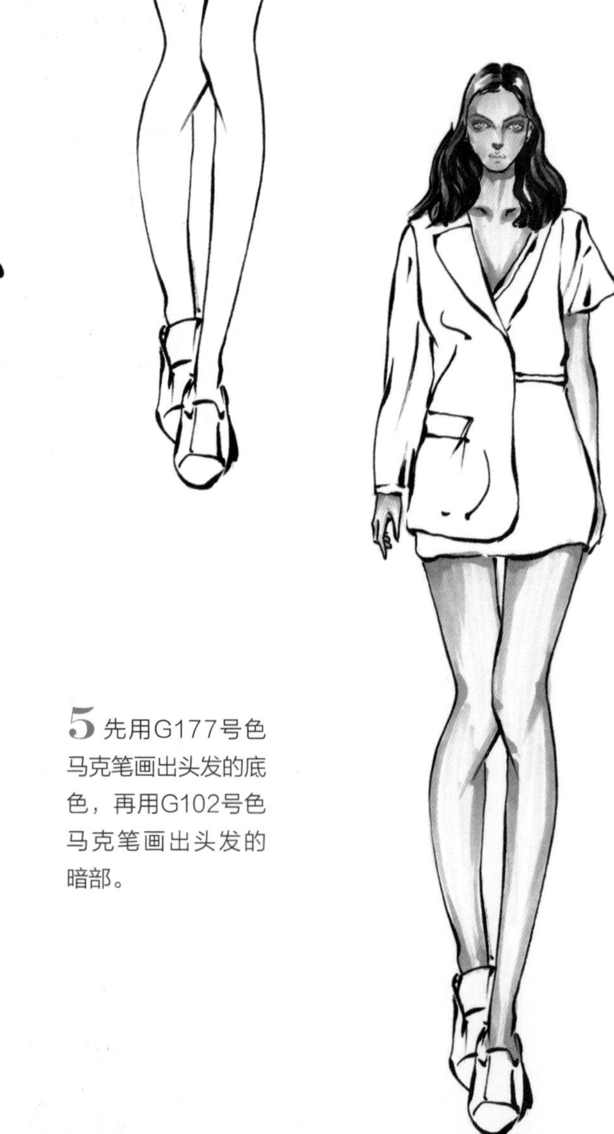

4 先用G58号色和G48号色马克笔画出皮肤颜色的明暗变化，再用G48号色马克笔加强眼部、鼻底、脖子和膝盖的暗面。

5 先用G177号色马克笔画出头发的底色，再用G102号色马克笔画出头发的暗部。

6 先用NG1号色马克笔画出背心裙的暗部，再用G72号色马克笔画出背心裙的固有色，最后用G80号色马克笔画出背心裙褶皱的阴影。

7 先用G183号色马克笔画出西装的底色，再用G9号色马克笔画出暗部的颜色，然后用G16号色马克笔加强领子底部以及褶皱的阴影，最后用黑色毛笔画出西装外套条纹面料的线条。

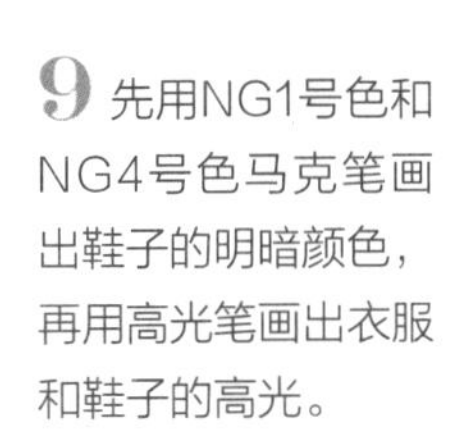

8 先用黑色毛笔画出眉毛的形状，再用G67号色马克笔画出眼影的颜色，最后用G80号色马克笔画出嘴唇的颜色。

9 先用NG1号色和NG4号色马克笔画出鞋子的明暗颜色，再用高光笔画出衣服和鞋子的高光。

例076 开门襟短款外套

这款外套采用简单的圆领设计理念，通过对领口的点缀，丰富了整体服装的形态感。

画皮革面料时，注意褶皱线位置颜色的明暗处理，以及亮面的高光处理。

绘制皮草面料的颜色时，先用黑色毛笔画出皮草毛毛的线条，再绘制颜色。

绘制要点

❶ 皮草毛蓬松的线条处理。
❷ 皮革半裙的颜色处理。

绘画工具

❶ 自动铅笔
❷ 黑色毛笔
❸ 千彩乐马克笔
❹ 高光笔

绘画颜色

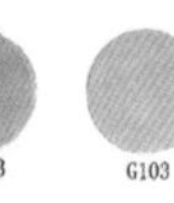

G58 G48 G78 G9

NG8 G201 G193 G103

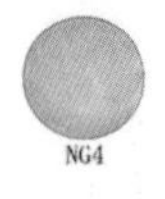

G161 NG4 G72

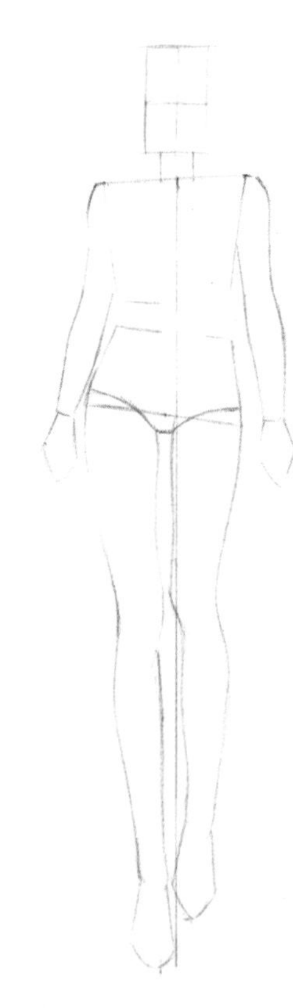

1 先画出头部的外轮廓线条，再绘制出胸腔和盆腔的体块动态，最后画出手臂摆动及腿部走动的线条。

2 先绘制头部的轮廓线条以及五官和眼镜的线条，再画出头发的线条，然后根据人体的动态，绘制出整体服装的外轮廓线条以及内部的细节和褶皱线条。

提示

绘制皮草外套时，用参差不齐的长短线条来表现，要注意线条排列的韵律感和节奏感。

3 先用黑色毛笔画出眼镜的线条以及人体的线条，再绘制出头发的线条，最后画出皮草外套和皮裙的虚实线条以及鞋子的线条变化。

4 先用G58号色马克笔平铺皮肤的底色，再用G48号色马克笔加深眼窝、眼尾、鼻底、脖子以及膝盖暗部的颜色。

5 先用NG4号色和NG8号色马克笔画出头发颜色的明暗变化以及眼镜颜色的变化，再用G78号色马克笔画出嘴唇的颜色。

6 先用NG8号色马克笔画出配饰的颜色，再用G103号色和G161号色马克笔画出内搭毛衣的明暗，然后用G145号色和G193号色马克笔画出外套的颜色，亮面留白处理。

7 先用G103号色、G9号色和G78号色马克笔画出星星图案的颜色，再用NG4号色马克笔绘制出半裙褶皱线的暗部颜色。

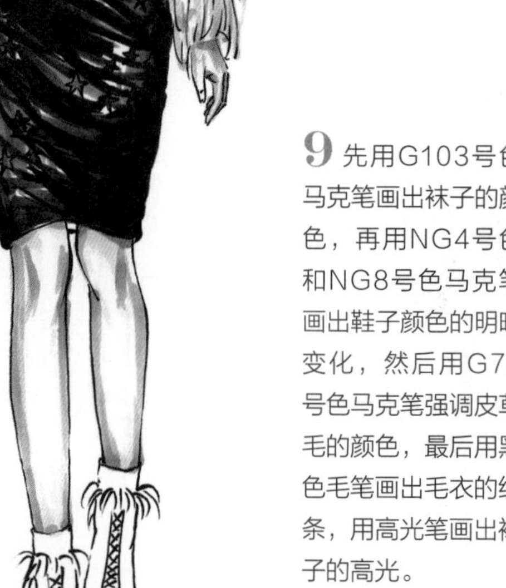

8 先用NG4号色马克笔平铺裙子的底色，再用NG8号色马克笔画出裙子暗面的颜色，最后用G201号色马克笔加深褶皱线的阴影。

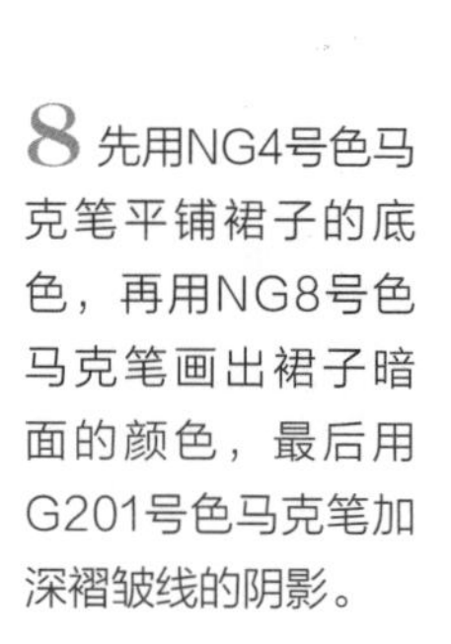

9 先用G103号色马克笔画出袜子的颜色，再用NG4号色和NG8号色马克笔画出鞋子颜色的明暗变化，然后用G72号色马克笔强调皮草毛的颜色，最后用黑色毛笔画出毛衣的线条，用高光笔画出裙子的高光。

例077 短款针织上衣

这款针织上衣采用圆领设计，以扣子和手臂上的蝴蝶结绑带作为装饰，搭配休闲款的运动裤，整套衣服给人以清新和时尚的感觉。

绘制卷发的线条时，发型越蓬松，体积感越强，要沿着发丝的走向绘制底色以及头发的暗部。

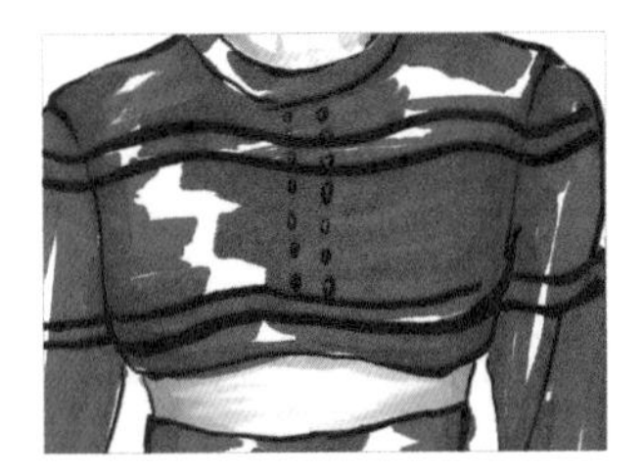

表现针织面料的质感时，先画出衣服颜色的明暗变化，再画出针织面料的质感线条，最后画出衣服的高光。

绘制要点

❶ 针织上衣的质感表现。
❷ 卷发线条的绘制以及颜色的处理。

绘画工具

❶ 自动铅笔
❷ 黑色毛笔
❸ 千彩乐马克笔
❹ 棕色针管笔
❺ 高光笔

绘画颜色

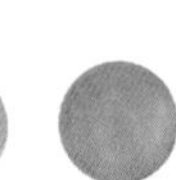

G58 G48 G78 G9

NG8 G80 G103 G65

G183 G161 G72 G169

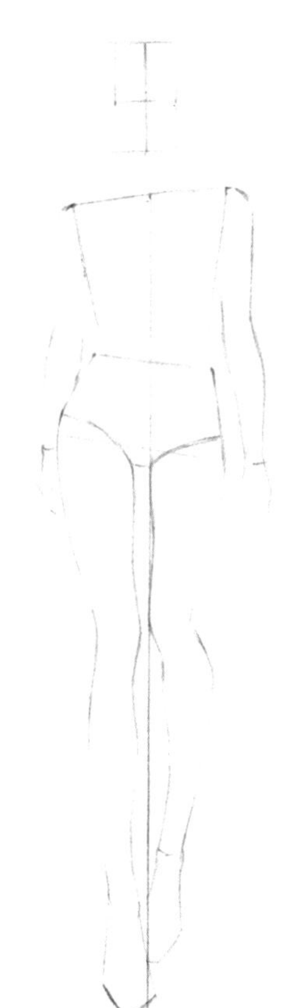

1 先画出头部的外轮廓线条，再画出躯干的动态，最后画出手臂摆动的线条以及腿部走动的线条。

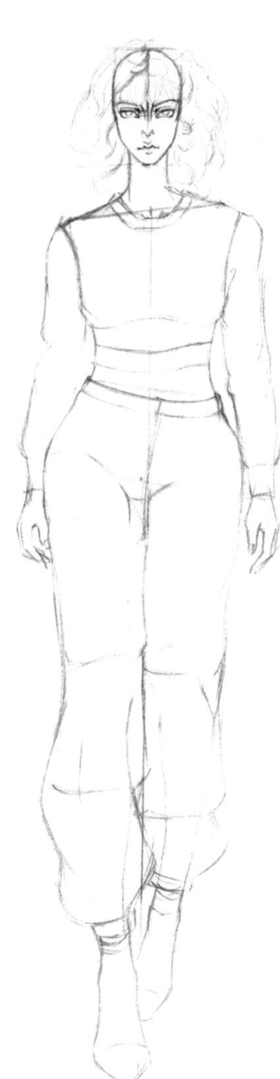

2 先画出头部的轮廓以及五官的线条，再画出卷发的线条，然后根据人体的动态，画出针织上衣以及裤子的轮廓线条和褶皱线条。

提示

画头发的线条时，笔触一定要流畅、随意，更要注重发型的整体造型与发丝的走向。

3 先用黑色毛笔勾勒发型的线条以及整体服装的轮廓线和褶皱线，再用G58号色马克笔画出皮肤的底色，最后画出鞋子的线条。

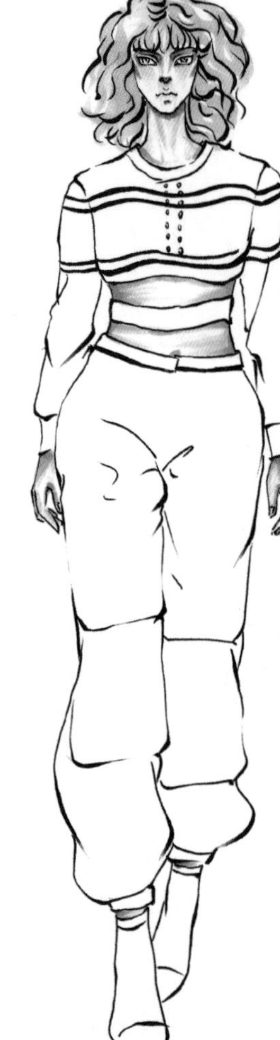

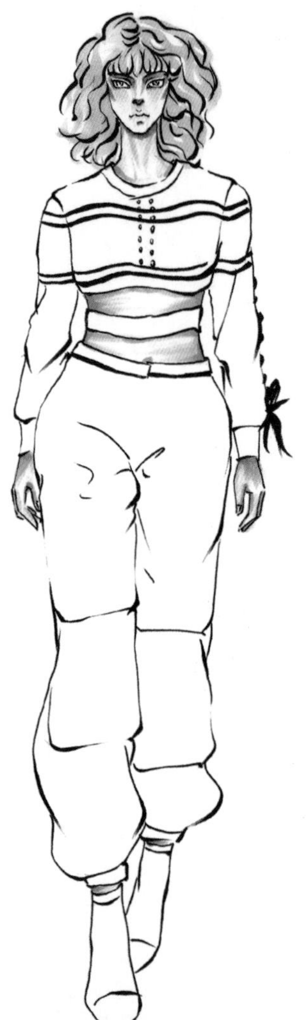

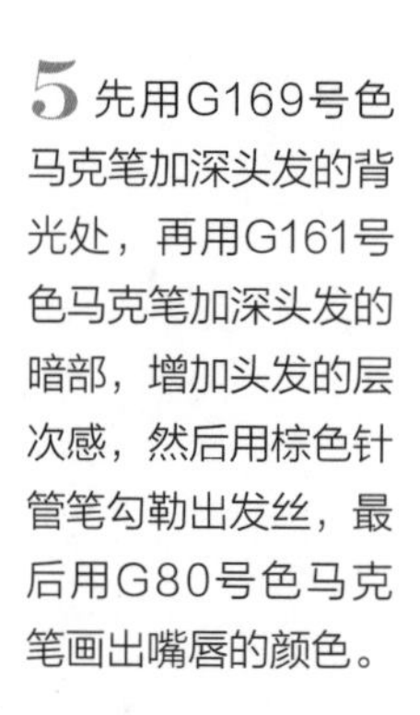

4 先用G48号色马克笔加深皮肤的暗部，再用G65号色马克笔加深眼窝、鼻底和脖子阴影的颜色，最后用G103号色马克笔沿着头发的走向平铺底色。

5 先用G169号色马克笔加深头发的背光处，再用G161号色马克笔加深头发的暗部，增加头发的层次感，然后用棕色针管笔勾勒出发丝，最后用G80号色马克笔画出嘴唇的颜色。

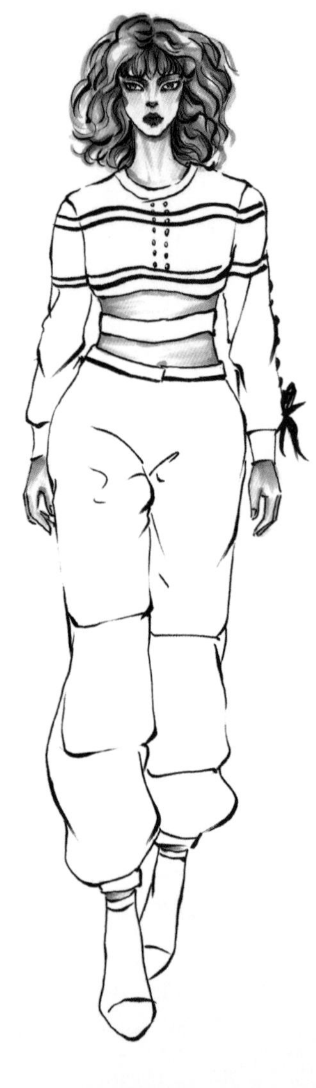

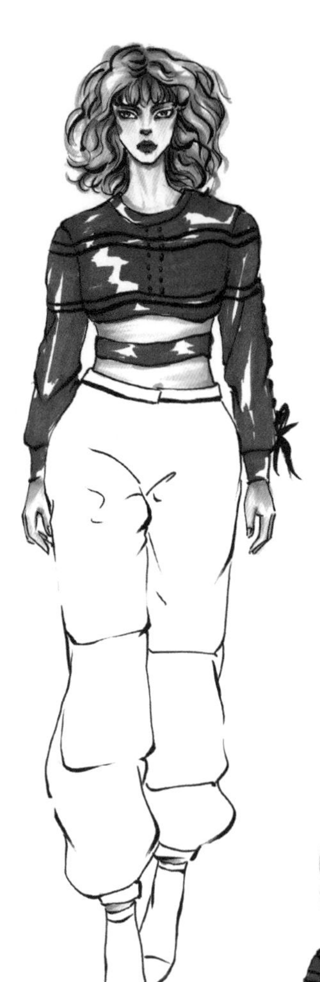

6 先用G72号色马克笔画出针织上衣的底色，亮面直接留白，再用G78号色马克笔加深针织上衣的暗部，最后用NG8号色马克笔画出手臂蝴蝶结的颜色。

7 先用G80号色马克笔加深针织上衣的暗面，再用G183号色和G9号色马克笔画出裤子颜色的明暗变化。

8 用G80号色马克笔的尖头画出针织上衣线条的质感。

9 先用G78号色和NG8号色马克笔画出鞋子的颜色，再用高光笔画出针织上衣和裤子的高光。

例078 背带牛仔裤

这款背带裤的特点主要在于裤子的前后反着设计，与通常的裤子的造型不同，增加了服装的趣味感，搭配同色系的衬衫，时尚感非常强烈。

面部妆容的颜色，主要在于眼部及嘴唇的颜色表现，要与头发的颜色相谐调。

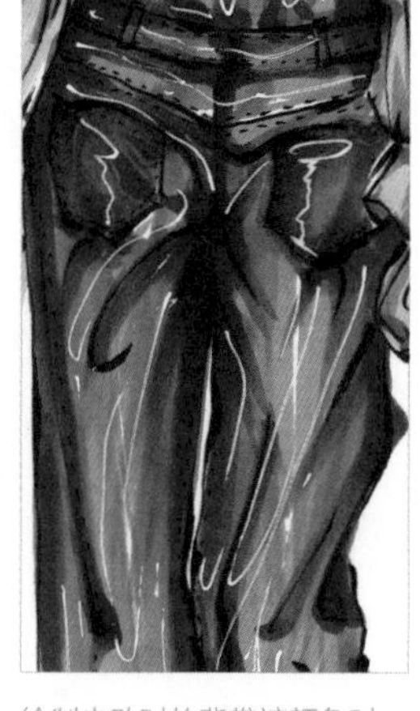

绘制走动时的背带裤颜色时，先画出细节和褶皱的线条，再加强暗部及亮面颜色的明暗变化，最后画出线迹和高光。

绘制要点

1. 走动时背带裤产生的褶皱的处理。
2. 衬衫袖的线条表现。

绘画工具

1. 自动铅笔
2. 黑色毛笔
3. 千彩乐马克笔
4. 0.5mm黑色针管笔
5. 高光笔

绘画颜色

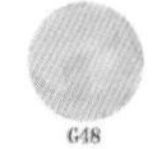

G48 G78 G9 NG8

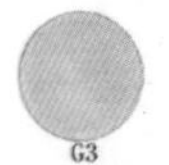

G16 G3 G183 G121

G26 NG4 G92

1 先画出头部的外轮廓线条，再画出胸腔和盆腔的体块动态，最后画出手臂摆动的线条以及腿部走动的线条。

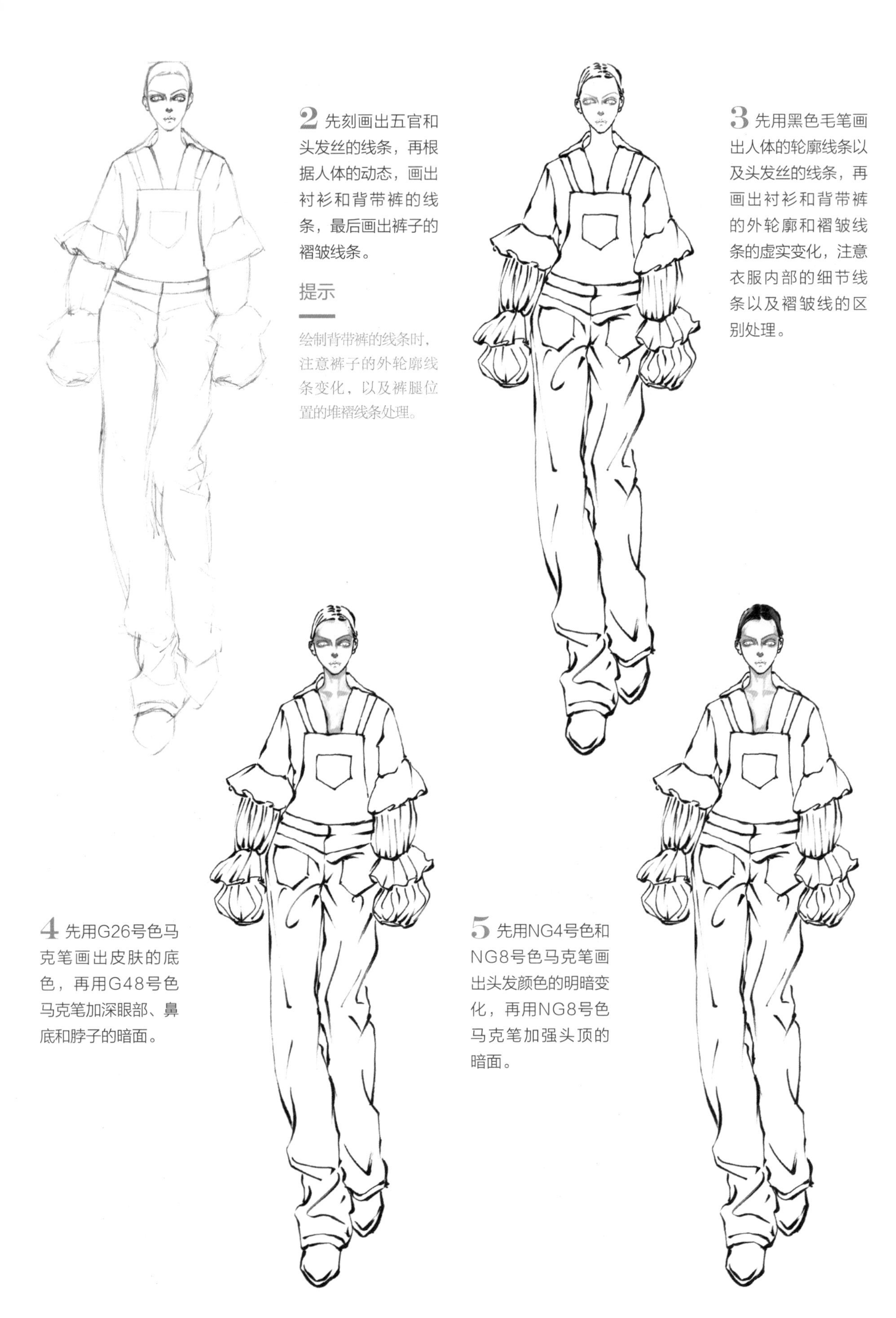

2 先刻画出五官和头发丝的线条，再根据人体的动态，画出衬衫和背带裤的线条，最后画出裤子的褶皱线条。

提示

绘制背带裤的线条时，注意裤子的外轮廓线条变化，以及裤腿位置的堆褶线条处理。

3 先用黑色毛笔画出人体的轮廓线条以及头发丝的线条，再画出衬衫和背带裤的外轮廓和褶皱线条的虚实变化，注意衣服内部的细节线条以及褶皱线的区别处理。

4 先用G26号色马克笔画出皮肤的底色，再用G48号色马克笔加深眼部、鼻底和脖子的暗面。

5 先用NG4号色和NG8号色马克笔画出头发颜色的明暗变化，再用NG8号色马克笔加强头顶的暗面。

6 先用G3号色马克笔平铺衬衫的底色，再用G183号色马克笔加强衬衫的暗部，最后用G9号色马克笔加深领子底部以及褶皱线的阴影。

7 先用G183号色马克笔画出裤子的底色，再用G9号色马克笔加强暗面颜色，注意笔触的转折变化，最后用G16号色马克笔加深褶皱线的阴影。

8 先用G121号色马克笔绘制出背带裤的口袋颜色，再用G92号色马克笔画出眼影的颜色，最后用G78号色马克笔画出嘴唇的颜色。

9 先用NG4号色和NG8号色马克笔画出鞋子颜色的明暗变化，再用黑色针管笔刻画背带裤的线迹，最后用高光笔画出背带裤的高光。

例079 针织开衫

这款针织开衫选用单一颜色面料配合开口插袋的造型设计，搭配高开叉的吊带裙和配饰，充分体现了时尚女性的气质。

绘制要点

❶ 针织开衫袖子的线条处理。
❷ 吊带裙的交叉穿插线条的变化。

绘画工具

❶ 自动铅笔
❷ 黑色毛笔
❸ 千彩乐马克笔
❹ 高光笔

绘画颜色

绘制袖子的颜色时，先仔细画出袖子的褶皱线条的变化，再绘制出颜色的明暗变化。

1 先画出头部的外轮廓线条及五官的线条，再画出躯干的动态，最后画出手臂摆动的线条及腿部走动的线条变化。

2 先刻画出盘发的线条，再根据人体的动态，画出针织衫和吊带裙的虚实线条变化，最后画出手提包和鞋子的线条。

提示

绘制服装的线条时，先观察人体动态的变化，再画出外套和裙子的轮廓线以及褶皱线。

3 先用黑色毛笔画出人体轮廓线条以及头发的蓬松线条，再刻画出针织衫和吊带裙的虚实轮廓线和褶皱线的变化。

4 先用G58号色马克笔画出皮肤的底色，再用G48号色马克笔画出皮肤的暗面，然后用G65号色马克笔画出眼部、鼻底、脖子、胸部、手臂和腿部的暗面颜色。

5 用G170号色和G177号色马克笔画出头发颜色的明暗变化。

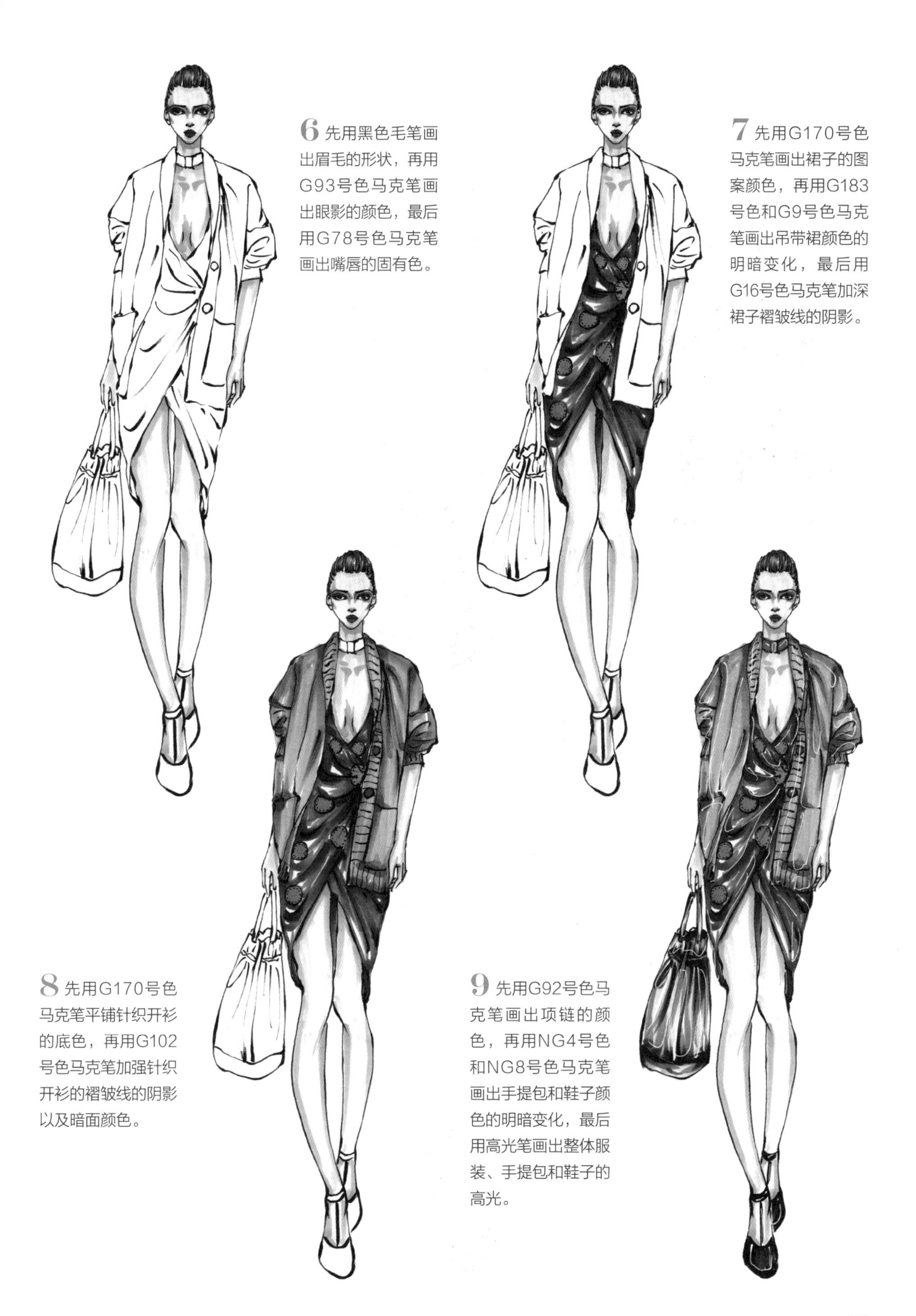

6 先用黑色毛笔画出眉毛的形状，再用G93号色马克笔画出眼影的颜色，最后用G78号色马克笔画出嘴唇的固有色。

7 先用G170号色马克笔画出裙子的图案颜色，再用G183号色和G9号色马克笔画出吊带裙颜色的明暗变化，最后用G16号色马克笔加深裙子褶皱线的阴影。

8 先用G170号色马克笔平铺针织开衫的底色，再用G102号色马克笔加强针织开衫的褶皱线的阴影以及暗面颜色。

9 先用G92号色马克笔画出项链的颜色，再用NG4号色和NG8号色马克笔画出手提包和鞋子颜色的明暗变化，最后用高光笔画出整体服装、手提包和鞋子的高光。

例080 皮革外套

这款外套采用的是皮草领子配以鳄鱼皮的面料，运用收腰的造型设计，充分展现了女性的优雅气质和时尚感。

绘制鳄鱼皮面料的颜色时，先用黑色毛笔画出鳄鱼皮的纹路，再画出颜色的明暗变化以及高光。

❶ 皮草领的颜色绘制。
❷ 鳄鱼皮面料颜色的表现。

绘画工具

❶ 自动铅笔
❷ 黑色毛笔
❸ 千彩乐马克笔
❹ 高光笔

绘画颜色

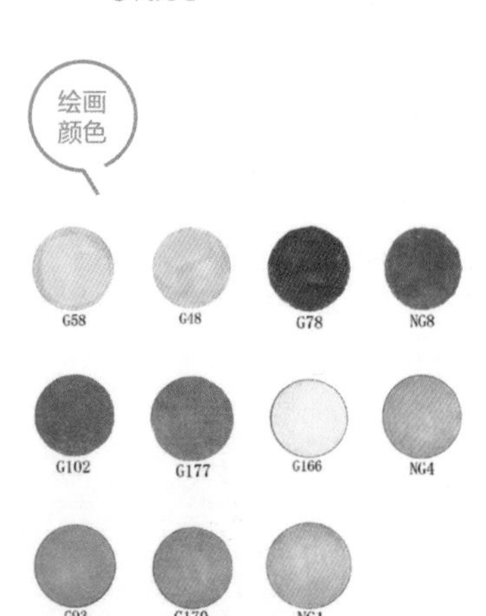

1 先绘制出头部轮廓线条，再刻画出五官的线条，然后画出躯干的动态变化，最后画出手臂和腿部的线条。

2 先画出头发的线条，再根据人体的动态，画出皮革外套和半裙的虚实线条，最后画出鞋子的线条。

3 先用黑色毛笔画出人体的轮廓线条和头发的线条，再刻画出服装的虚实线条。

提示

画皮草时，利用不规则的长短线条来表现皮草的蓬松感。

4 先用G58号色马克笔画出皮肤的底色，再用G48号色马克笔画出眼部、鼻底、脖子和腿部的暗面颜色。

5 用G177号色和G102号色马克笔画出头发颜色的明暗变化。

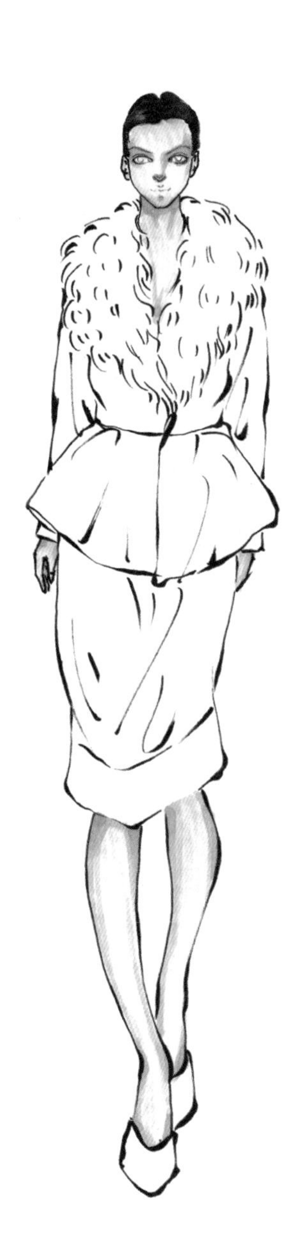

6 先用黑色毛笔画出眉毛的形状，再用G93号色马克笔画出眼影的颜色，最后用G78号色马克笔画出嘴唇的颜色。

7 先用NG1号色马克笔平铺领子的底色，再用NG4号色马克笔绘制皮草的暗面，最后用NG8号色马克笔加深皮草毛的暗部。

8 先用黑色毛笔画出鳄鱼皮的纹路，再用G170号色马克笔平铺底色，然后用G102号色马克笔加深外套的暗面，最后用G102号色马克笔加深衣服的暗面颜色，增加层次对比。

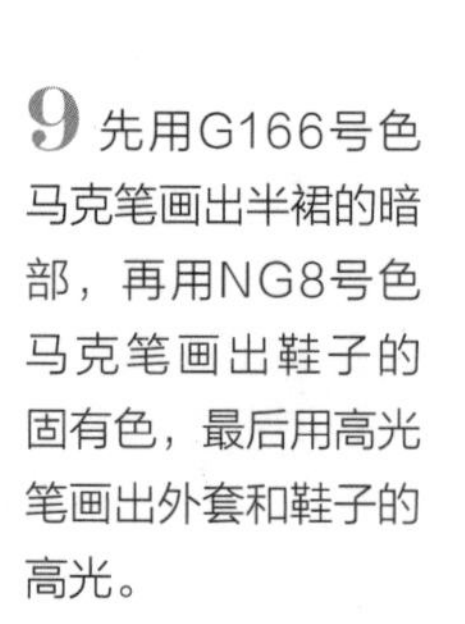

9 先用G166号色马克笔画出半裙的暗部，再用NG8号色马克笔画出鞋子的固有色，最后用高光笔画出外套和鞋子的高光。

例081 多层连衣裙

这款连衣裙采用多层褶皱的造型设计，能够拉长服装腰线的比例，选用浅黄色系的面料，给人以视觉上的清新感。

绘制要点

❶ 两腿前后关系的动态表现。
❷ 褶皱裙的颜色绘制。

绘画工具

❶ 自动铅笔
❷ 黑色毛笔
❸ 千彩乐马克笔
❹ 0.5mm黑色针管笔
❺ 高光笔

绘画颜色

绘制褶皱裙的颜色时，先用黑色毛笔画出虚实变化的褶皱线条，再绘制出裙子颜色的明暗变化以及高光。

1 先绘制出头部的轮廓以及五官的线条，再画出胸腔和盆腔的体块动态，最后画出手臂摆动和腿部走动的线条变化。

2 先画出头发的线条，再根据人体的动态，画出多层褶皱裙的虚实线条，最后画出手提包和鞋子的线条。

3 先用黑色毛笔画出头发丝的线条，再画出多层裙的外轮廓和内部褶皱线条的虚实变化。

提示

绘制裙子的线条时，根据人体的动态变化画出轮廓线的前后起伏变化。

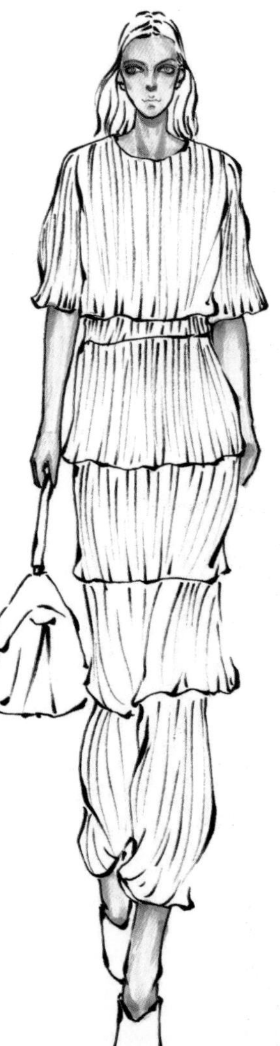

4 用G58号色和G48号色马克笔画出皮肤的明暗颜色。

5 先用MG4号色和TG8号色马克笔画出头发颜色的明暗变化，再用黑色针管笔画出头发丝的线条。

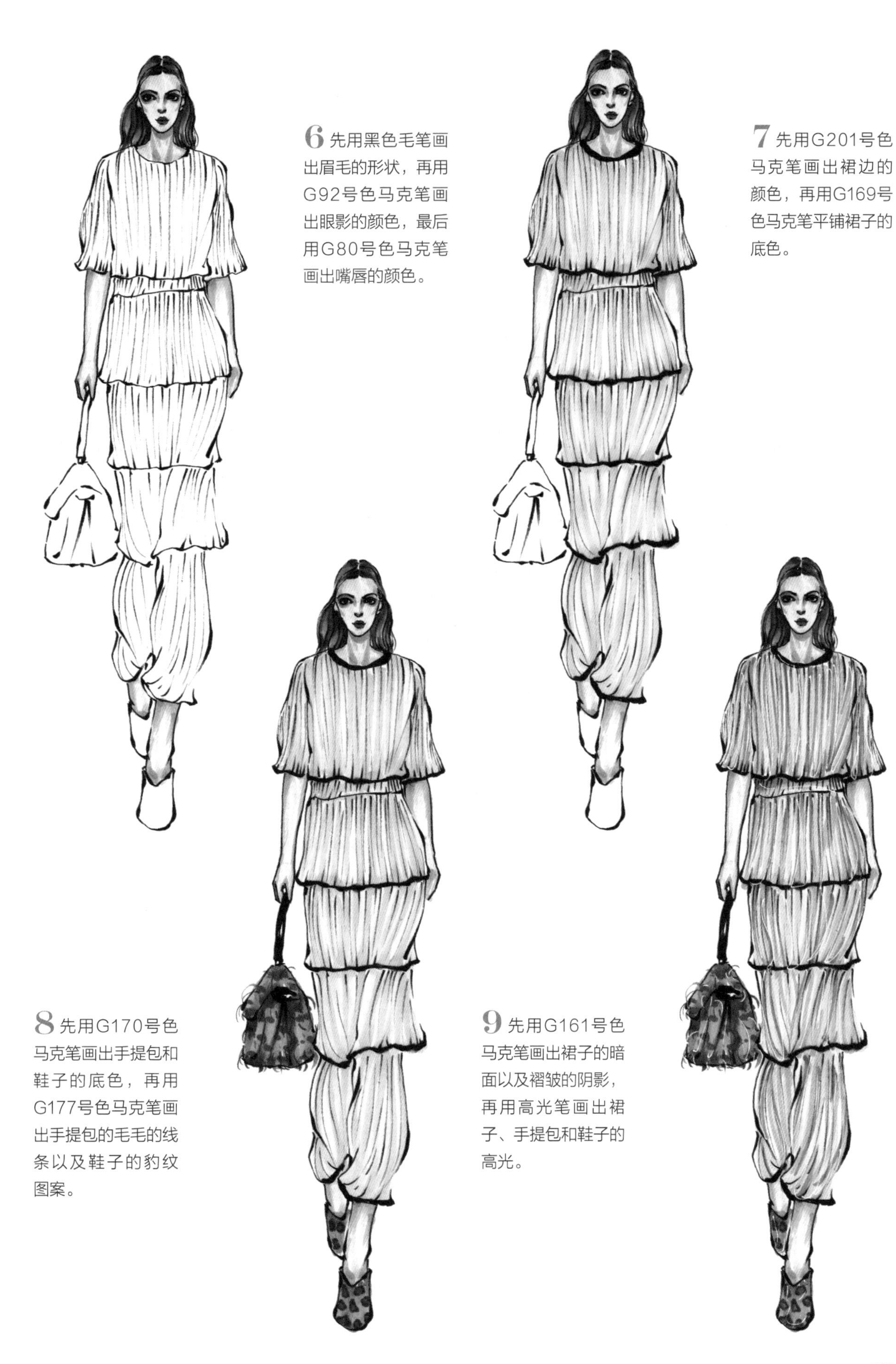

6 先用黑色毛笔画出眉毛的形状，再用G92号色马克笔画出眼影的颜色，最后用G80号色马克笔画出嘴唇的颜色。

7 先用G201号色马克笔画出裙边的颜色，再用G169号色马克笔平铺裙子的底色。

8 先用G170号色马克笔画出手提包和鞋子的底色，再用G177号色马克笔画出手提包的毛毛的线条以及鞋子的豹纹图案。

9 先用G161号色马克笔画出裙子的暗面以及褶皱的阴影，再用高光笔画出裙子、手提包和鞋子的高光。

例082 皮草外套

这款皮草外套采用了圆领和皮革拼接的造型设计，皮草毛运用长短不一的短弧线来表现，同时采用两种颜色的面料进行元素搭配。

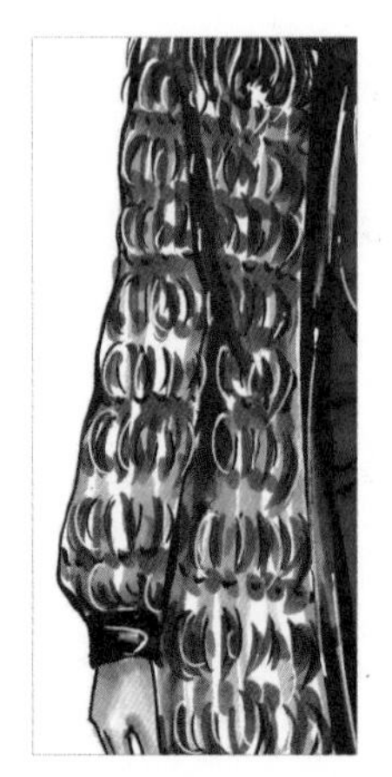

绘制皮草颜色时，先绘制出皮草的具体形态，画人造皮草线条时用短弧线来表现，上颜色时，要画出体积感。

绘制头发的颜色时，先画出头发丝的走向，再画出头发颜色的明暗变化，最后画出发丝的线条，面部妆容的颜色要与头发的颜色谐调。

绘制要点

❶ 面部妆容和头发丝的颜色表现。
❷ 皮草外套的颜色处理。

绘画工具

❶ 自动铅笔
❷ 黑色毛笔
❸ 千彩乐马克笔
❹ 0.5mm黑色针管笔
❺ 高光笔

绘画颜色

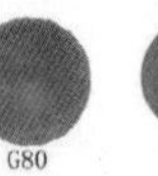

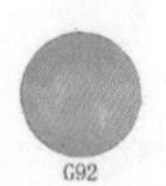

G58 G48 G78 NG8
G201 G80 G102 G177
NG4 G182 G170
G15 G92

1 先画出头部的长度，再画出躯干的动态变化，最后画出手臂摆动的线条以及腿部走动时的线条。

2 先仔细刻画五官以及头发的线条，再根据人体的动态，画出整体服装的虚实线条变化以及鞋子的线条。

提示

画服装线条时，注意衣服对人体的包裹感，以及外轮廓线条的前后空间变化。

3 先用黑色毛笔画出人体及服装、鞋子的线条，再用G58号色马克笔平铺皮肤的底色，然后用G48号色马克笔画出眼部、鼻底、脖子和手部的暗部颜色。

4 先用NG4号色马克笔平铺头发的底色，注意笔触的转折变化，再用NG8号色马克笔加深头发的暗面，然后用G201号色马克笔加深暗面，再用黑色针管笔画出发丝，最后用G92号色和G78号色马克笔画出面部妆容的颜色。

5 先用G170号色马克笔平铺外套的底色，再用G177号色马克笔勾勒暗部的皮草毛毛，然后用G201号色马克笔画出皮革的固有色，最后用G182号色马克笔画出内搭毛衣的固有色。

6 先用G102号色马克笔加深皮草毛的暗部，再用黑色毛笔勾勒阴影位置的颜色。

7 先用G80号色马克笔画出半裙的底色，再用G15号色马克笔画出半裙的暗面以及褶皱线的阴影。

8 先用NG4号色马克笔平铺靴子的底色，再用NG8号色马克笔画出靴子的暗面颜色。

9 用高光笔先画出头发丝的亮面，再画出针织内搭、皮草外套以及靴子的高光。

例083 抹胸不对称连衣裙

这款连衣裙运用抹胸、不对称以及堆褶的造型元素进行设计，采用两种不同颜色的面料进行搭配，既能体现服装的时尚感，也能体现女性的气质。

绘制面部妆容的颜色，主要在于眼部、鼻子以及嘴唇的颜色处理，注意体现面部的立体感。

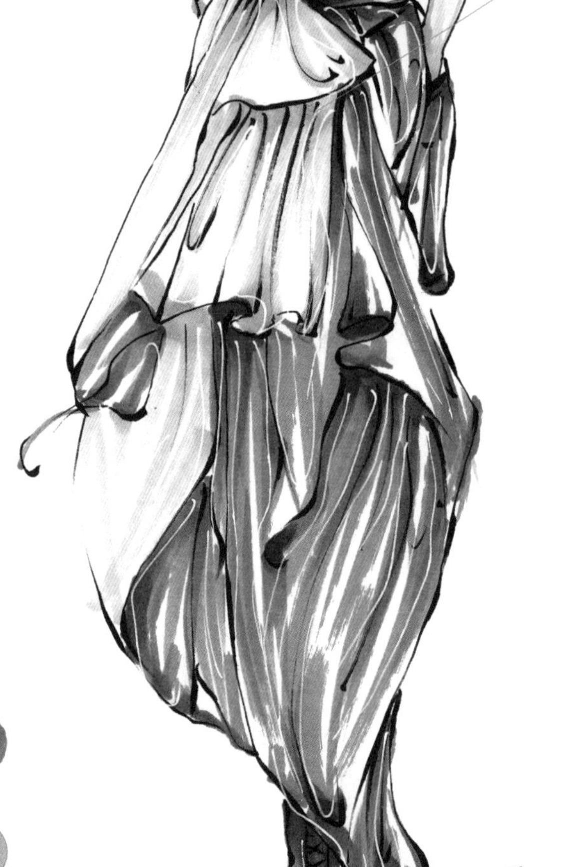

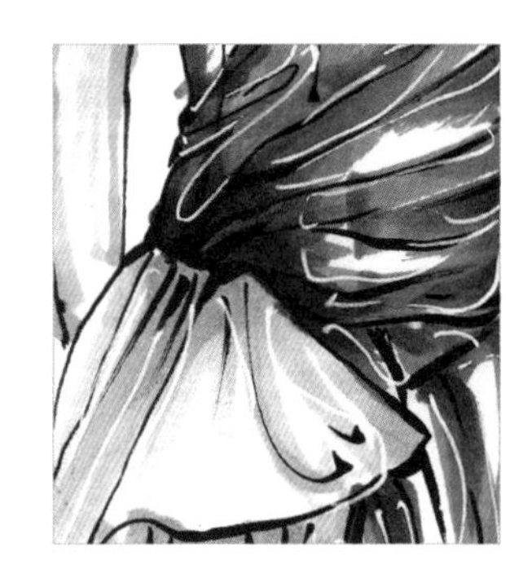

要表现裙子的层次效果，首先要画出线条的虚实变化，再画出裙子颜色的明暗变化。

绘制要点

❶ 人体动态线条的表现。
❷ 连衣裙的颜色笔触处理。

绘画工具

❶ 自动铅笔
❷ 黑色毛笔
❸ 千彩乐马克笔
❹ 高光笔

绘画颜色

G58 G48 G9 NG8

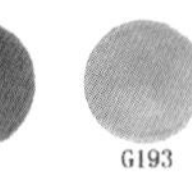

G16 G80 G193 G65

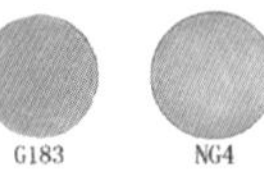
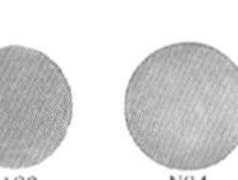

G183 NG4

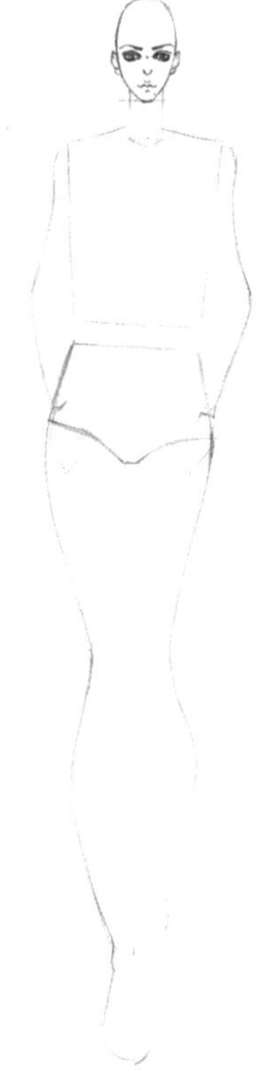

1 先画出头部的外轮廓线条，再刻画五官细节，注意比例关系，然后画出躯干的动态变化，最后画出手臂和腿部的线条。

2 先画出头发丝的线条，再画出抹胸连衣裙的外轮廓线条以及内部的褶皱线条。

提示

绘制不对称的裙子的线条时，一定要观察模特的动态变化，衣服是包裹着人体的，还要注意轮廓线的前后变化。

3 先用黑色毛笔画出人体的线条以及头发丝的线条，再画出裙子虚实变化的轮廓线条以及内部褶皱线，最后画出鞋子的线条。

4 先用G58号色马克笔平铺皮肤的底色，再用G48号色马克笔加深眼部、鼻底、脖子和手部的暗面。

5 先用黑色毛笔勾勒眼部的轮廓，再画出眉毛的形状，然后用G65号色马克笔加深眼部的颜色，最后用G80号色马克笔画出嘴唇的颜色。

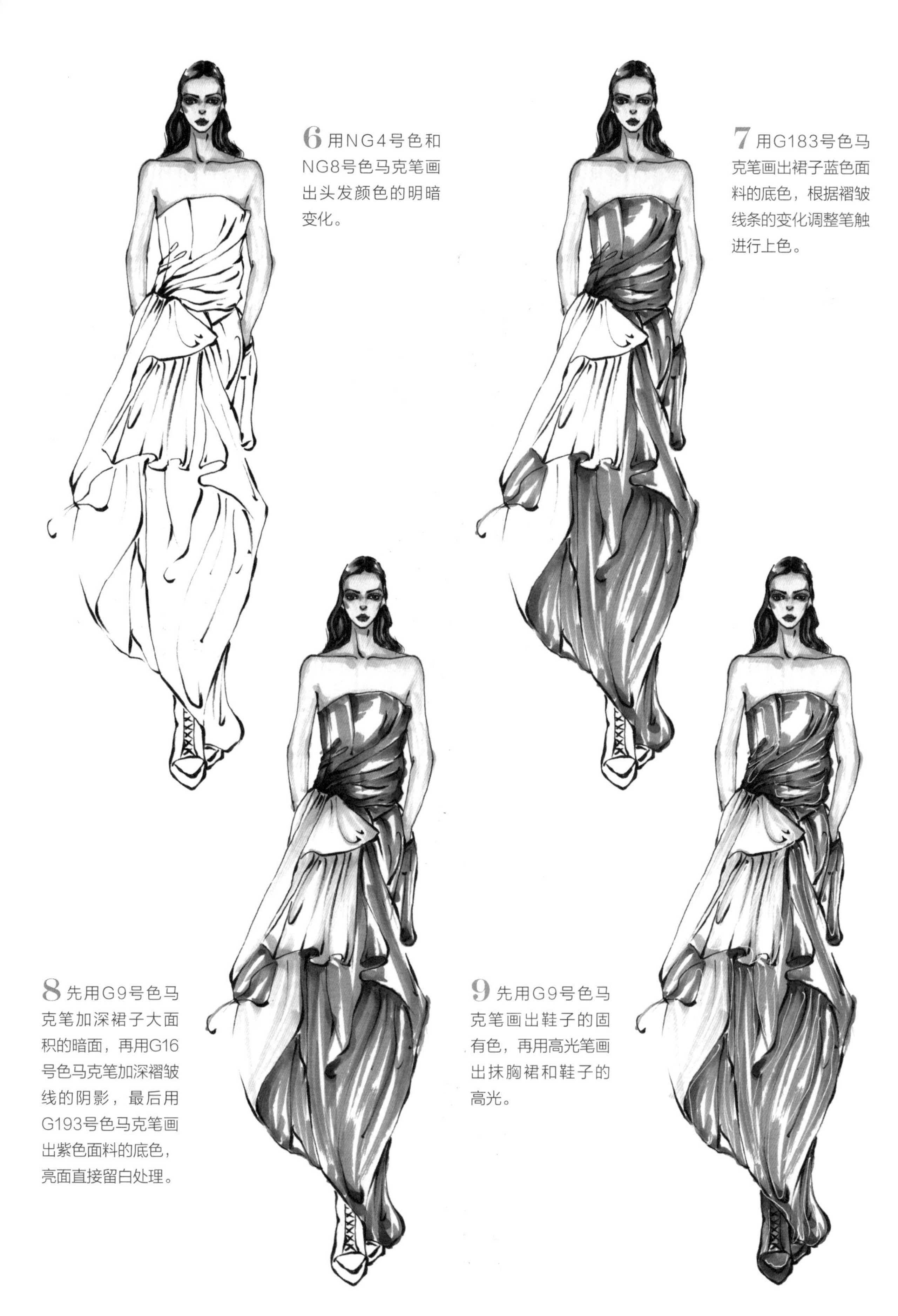

6 用NG4号色和NG8号色马克笔画出头发颜色的明暗变化。

7 用G183号色马克笔画出裙子蓝色面料的底色，根据褶皱线条的变化调整笔触进行上色。

8 先用G9号色马克笔加深裙子大面积的暗面，再用G16号色马克笔加深褶皱线的阴影，最后用G193号色马克笔画出紫色面料的底色，亮面直接留白处理。

9 先用G9号色马克笔画出鞋子的固有色，再用高光笔画出抹胸裙和鞋子的高光。

例084 皮草领夹克

这款夹克运用皮草领、收腰系带、翻袋等设计元素，采用了两种面料和两种以上的颜色，既保暖又不失时尚感。

绘制同色系皮草领和针织衫的面料质感时，注意皮草毛的线条长短变化以及针织线条的处理。

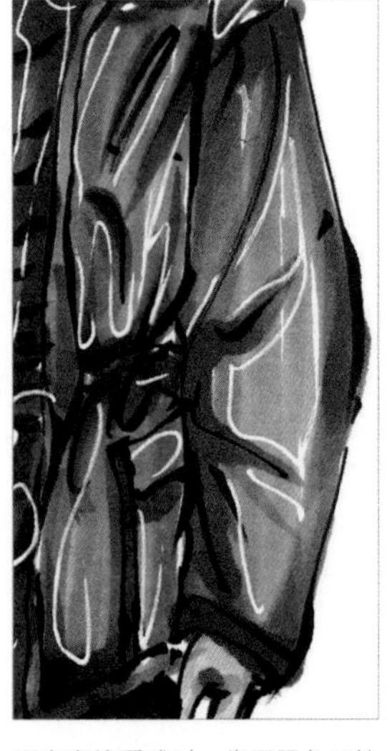

画夹克的质感时，先用黑色毛笔强调褶皱线位置的线条，并注意虚实变化，再画出夹克颜色的明暗变化。

绘制要点

❶ 人体动态的线条绘制。
❷ 夹克面料质感的表现。

绘画工具

❶ 自动铅笔
❷ 黑色毛笔
❸ 千彩乐马克笔
❹ 高光笔

绘画颜色

G58 G48 G67 G78

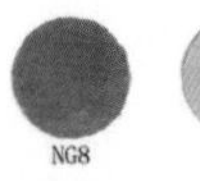
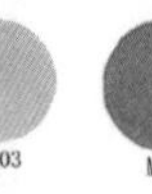

TG8 NG8 G103 MG4

G102 G161 G177

G170 G92

1 先画出人体的动态，再根据动态画出五官和头发丝的线条，然后画出夹克、毛衣和半裙的轮廓线条，最后画出鞋子的线条。

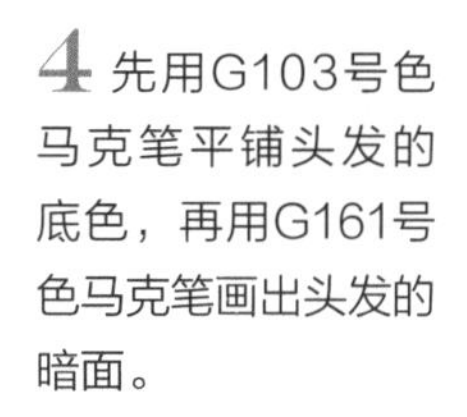

2 先用黑色毛笔画出头发的线条，再画出整体服装的虚实线条变化以及褶皱线，画腿部线条时，注意用笔的流畅。

提示

画皮草领的线条时，通过有规律的长短变化的线条表现领子的蓬松感。

3 先用G58号色和G48号色马克笔画出皮肤的明暗颜色，再用G67号色马克笔强调眼部、鼻梁、鼻底、脖子和膝盖的暗面颜色。

4 先用G103号色马克笔平铺头发的底色，再用G161号色马克笔画出头发的暗面。

5 先用黑色毛笔画出眉毛的形状以及眼部的轮廓线，再用G92号色马克笔画出眼影的颜色，最后用G78号色马克笔画出嘴唇的颜色。

6 先用G170号色马克笔平铺皮草领和毛衣的底色，再用G177号色马克笔画出皮草领的暗面以及毛衣的暗面，然后用G102号色马克笔加深皮草的暗面，最后用G92号色马克笔平铺夹克袖子的颜色。

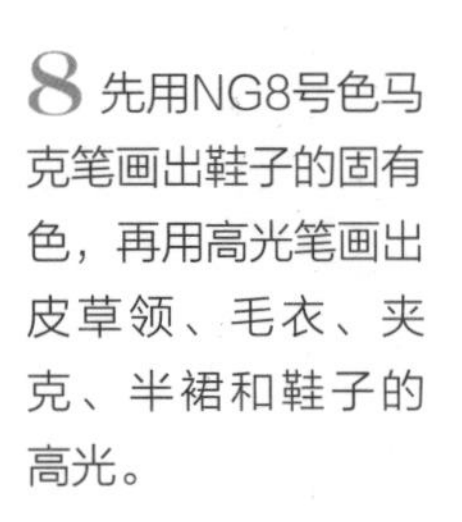

7 先用MG4号色马克笔画出夹克衣身的底色以及半裙的底色，再用TG8号色马克笔画出衣身的暗面颜色以及半裙褶皱线的阴影颜色。

8 先用NG8号色马克笔画出鞋子的固有色，再用高光笔画出皮草领、毛衣、夹克、半裙和鞋子的高光。

第7章

晚装系列服装的绘制

晚装，也称为礼服，多以亮丽的珠片和花朵装饰，配合修身的设计来突出女性的高贵气质。晚装的颜色搭配比较简单，面料较细腻、柔软、优雅。

例085 绕脖褶皱礼服裙

这款礼服裙采用深 V 绕脖、褶皱堆积的设计理念，既能突出女性的优雅美感，又不失端庄大方。

处理头发的时候，用0.05mm黑色针管笔（勾线笔）画出发丝的细节，增加头发的蓬松感。

腰部堆褶的线条是整体服装表现的重点，绘制的时候要仔细观察堆褶线条的走向。

❶ 把握好人体动态的特点，注意人体姿态的优雅感。
❷ 画裙子的廓形时注意裙子的褶皱线条的走向。

❶ 自动铅笔
❷ 黑色毛笔
❸ 千彩乐马克笔
❹ 0.05mm黑色针管笔
❺ 高光笔

G58

G48

G67

G78

G189

TG8

G9

NG8

G16

G120

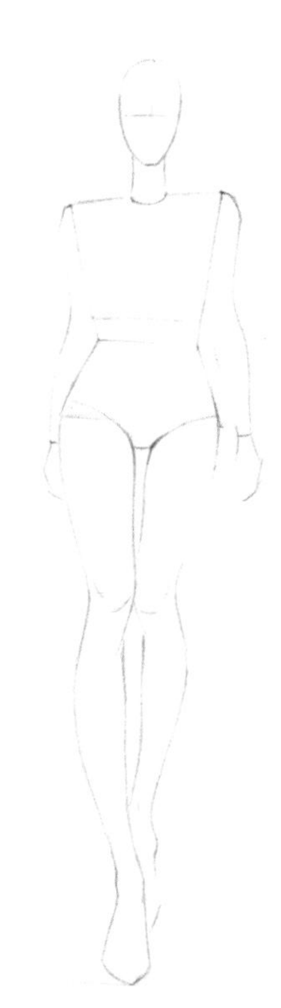

1 先画出头部的轮廓以及面部的中心线，再根据人体走动时的姿态画出动态表现，注意腿部的前后变化关系。

2 先根据面部中心线，细致刻画五官的形状，并画出发型的表现，再根据模特的动态，画出整体的服装线条，注意腰部褶皱线条的变化。

提示

画服装腰部堆积的褶皱表现时，要先画出局部大体轮廓的走向，再画出内部褶皱线条。

3 用黑色毛笔勾勒出人体着装线条，注意根据服装的走向画出转折变化的线条，还要注意服装线条的虚实变化。

4 先用G58号色马克笔画出皮肤的底色，再用G48号色马克笔加深皮肤的阴影位置，注意根据光源的变化来明确皮肤颜色的明暗变化。

5 先用G67号色和G78号色马克笔画出面部妆容的颜色，再用G189号色和TG8号色马克笔画出头发的明暗颜色表现，用0.05mm黑色针管笔画出头发发丝的细节。

提示

面部妆容一般指眼影和唇部的颜色表现。

6 先用G9号色马克笔画出上半部分服装的固有色，注意用笔的转折变化和服装的留白处理，再用NG8号色马克笔画出腰部装饰的颜色。

7 用G9号色马克笔画出下半部分裙子的固有色，用笔时先表现出堆褶位置的固有色，再画出裙摆的颜色。

8 用G16号色和G120号色马克笔加深裙子的暗部颜色以及褶皱的阴影位置。阴影的颜色根据堆褶形成的暗部以及光源的颜色变化。

9 先用G120号色马克笔画出鞋子的固有色，再用高光笔画出裙子和鞋子的高光。

例086 不对称开叉礼服裙

这款礼服裙采用不对称、高开叉、大拖摆的设计理念，再加上细节的点缀，能够充分表现时尚感和精致感。

绘制要点

❶ 注意人体动态的特点，服装的比例关系要准确。
❷ 裙子的明暗颜色表现以及细节的处理。

绘画工具

❶ 自动铅笔
❷ 黑色毛笔
❸ 干彩乐马克笔
❹ 0.5mm黑色针管笔
❺ 高光笔

绘画颜色

G58 G48 G189 G16
G176 G80 G193 G103
G3 G39 NG8

加深眼部的阴影颜色，能够增加面部的立体感。

用线条的粗细变化表现服装外部和内部的轮廓特点。

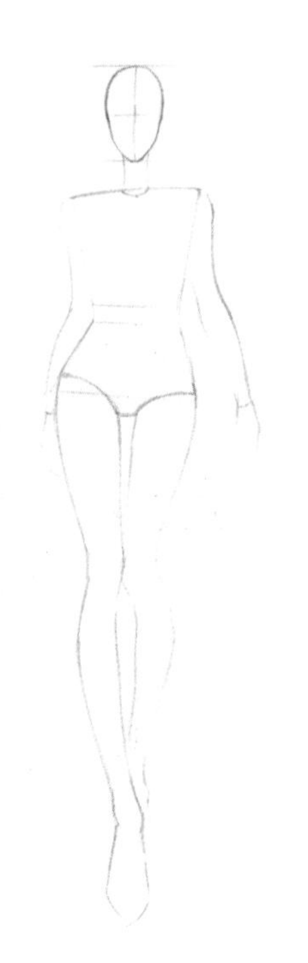

1 先画出头部的轮廓形状和面部中心线，再画出人体的躯干和腿部的动态，最后画出手臂的摆动姿势。

2 先根据头型的轮廓，刻画出五官的特征以及发型的表现，再根据人体的动态，画出整体的服装线条，注意线条的虚实变化。

3 用黑色毛笔画出人体着装的整体线条，裙子外部转折处的颜色最深，能够更加明确区别内外轮廓的特点。

提示

画服装的比例关系时，根据服装的特点来进行定点描画，要确定好开叉的位置、前中心线以及肩部的位置。

4 用G58号色和G48号色马克笔画出皮肤的明暗颜色，注意根据光源的变化表现面部明暗。眼部颜色越深，面部的立体感越强。

5 根据光源的变化，先用G176号色和G189号色马克笔画出头发颜色的明暗变化，再用G80号色马克笔描画出嘴唇的颜色。

6 用G193号色、G103号色以及G3号色马克笔平铺裙子的底色，用笔根据服装转折变化来表现服装特点。

7 用G39号色和G16号色马克笔加深裙子的暗部颜色。要表现出裙摆飘逸的感觉，用笔要比较随意且有规律。

8 先用0.5mm黑色针管笔画出裙子内部的细节线条的特点，再用NG8号色和G193号色马克笔画出鞋子的颜色。

9 用高光笔画出裙子、鞋子和头发的高光。

例087 抹胸褶皱礼服裙

这款抹胸礼服裙采用多层设计理念，通过面料的层叠以及抹胸位置的蝴蝶结造型的设计，既能够展现礼服裙的俏皮感，也能展现性感和优雅的一面。

面部的妆容表现主要在于眼部的颜色表现，以及嘴唇和鼻子位置的明暗颜色表现。

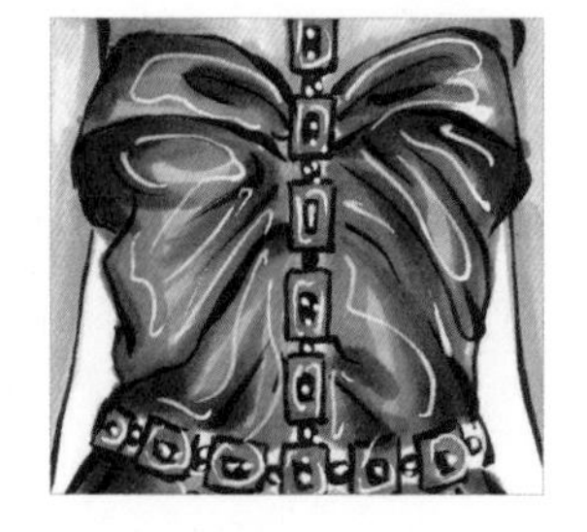

画礼服裙的颜色时，重点突出明暗颜色色块的变化，亮部再加上高光，最能体现礼服的层叠效果。

绘制要点

❶ 配饰与礼服之间的穿插关系。
❷ 礼服裙下半部分的层叠设计。

绘画工具

❶ 自动铅笔
❷ 黑色毛笔
❸ 千彩乐马克笔
❹ 0.1mm黑色针管笔
❺ 高光笔

绘画颜色

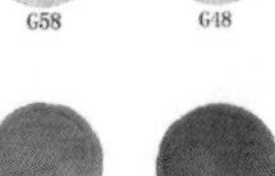

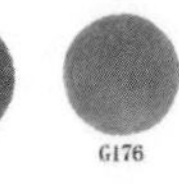

G58 G48 G78 G189
G9 G16 G176 G65
G183 G161 G177

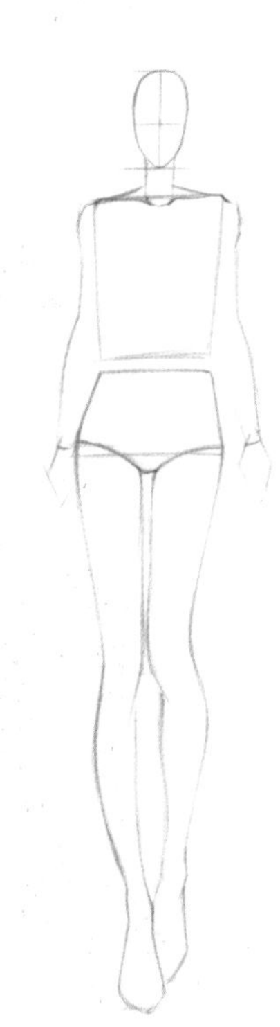

1 先画出头部的外部轮廓，再根据肩部和跨部扭动，画出躯干的动态，最后画出手臂和腿部的线条。

提示

画腿部线条时，臀部至大腿的线条一定要圆顺，两腿之间有一定的空隙。

2 根据模特的动态，先画出五官和头发的线条，画五官时注意先画出轮廓的表现，画头发时注意发丝的线条走向，最后画出整体服装和配饰的线条。

提示

画服装线条时，先画出大致的外轮廓线条，再刻画内部的褶皱线条。

3 用黑色毛笔画出模特的整体着装线条，画礼服褶皱线条时，注意线条的虚实变化，能够增强画面的对比效果。

4 先用G58号色马克笔平铺皮肤的固有色，再用G48号色马克笔加深暗部颜色，最后用G65号色马克笔强调眼部、脖子、手肘、膝盖位置的暗部颜色。

5 先用G177号色马克笔根据头发的走向画出大致几个方向头发的固有色，再用G189号色马克笔加深头顶、脖子位置的暗部颜色，最后用黑色针管笔画出头发发丝的线条，增加头发的蓬松感。

6 先用G176号色马克笔画出眼部的颜色，再用G65号色马克笔加深鼻子的暗部颜色，体现面部的体积感，最后用G78号色马克笔画出嘴唇的颜色。

7 先用G183号色马克笔平铺整体裙子的固有色，注意根据线条的转折变化用笔，再用G9号马色克笔强调裙子褶皱的暗部颜色。

8 先用G9号色马克笔强调裙子的暗部颜色，再用G16号色马克笔强调褶皱的暗部颜色，增加裙子的颜色对比，然后用G161号马克笔画出挂脖配饰的颜色。

9 先用G9号色马克笔画出鞋子的固有色，再用高光笔画出裙子和鞋子的高光。

例088 长袖鱼尾礼服裙

这款礼服裙的特点在于肩部的设计以及裙摆鱼尾造型的设计，上半部分通过多种配饰的搭配设计，能够增强画面的视觉效果。

绘制配饰线条时，注意配饰的造型，先画出整体轮廓，再刻画每个局部的线条。

鱼尾摆的形状是双层裙摆，画裙摆线条时，注意每层褶皱线条的起伏变化表现。

1 先根据头部的比例线条，画出头部的外轮廓，再画出胸腔和盆腔体块的动态，最后画出手臂的线条以及腿部走动的线条。

提示

要画好人体的动态，就要注意重心线，也就是从脖子垂下到足部的线条。

2 先画出五官的线条，注意比例关系，再画出头巾和耳饰的轮廓线，然后根据人体的动态表现，画出礼服裙的外轮廓线条以及内部的褶皱线条，最后画出肩部的装饰品的线条。

3 先用黑色毛笔勾勒出五官的线条以及头巾的线条，再画出礼服裙的虚实变化线条，注意画鱼尾裙摆的轮廓线时，尽量用实线来绘制，礼服裙内部的褶皱线条根据人体动态进行绘制。

4 先用G26号色马克笔画出皮肤的底色，再用G48号色马克笔加深眼窝、眼尾、鼻梁、鼻底、脖子以及手部的暗面颜色。

5 先用G177号色马克笔画出头发的固有色，再用NG4号色马克笔画出头巾的颜色，最后用黑色毛笔勾勒出头巾的细节线条。

6 先用黑色毛笔画出眉毛的形状，再用G176号色马克笔画出眼部以及鼻梁的暗面，然后用G78号色马克笔画出嘴唇的颜色，最后用G70号色马克笔画出腮红的颜色。

7 先用G175号色马克笔画出肩部裙子的底色，再用G131号色马克笔画出礼服裙的底色，笔触跟着褶皱线的转折变化进行上色，亮面直接留白处理。

8 先用G153号色马克笔加深礼服裙的暗面颜色，再用NG4号色马克笔画出肩部配饰的颜色，最后用G78号色和G201号色马克笔画出领部以及腰部的颜色。

9 先用G103号色马克笔画出挂饰品和耳饰品的颜色，再用高光笔画出礼服裙的高光。

例089 斜肩绑带礼服裙

这款礼服裙采用斜肩、腰部系带、腿部高开叉和大拖摆的造型设计，运用了缎面和亮片两种面料材质进行搭配设计。

绘制要点

❶ 面部妆容和盘发的造型设计和颜色绘制。
❷ 礼服裙面料的颜色表现。

绘画工具

❶ 自动铅笔
❷ 黑色毛笔
❸ 千彩乐马克笔
❹ 高光笔

绘画颜色

面部立体感的表现主要在于眼部、鼻梁、鼻底以及嘴唇的颜色绘制，画盘发时要表现出头发的蓬松感。

腰部系带的颜色层次表现，先用黑色毛笔画出虚实变化的线条，再加强裙子颜色的明暗变化。

1 先画出头部的外轮廓线条，再画出躯干的动态变化，最后画出手臂摆动以及腿部走动的线条。

2 先刻画出五官以及头发的线条，再画出礼服裙的外轮廓线条以及内部的褶皱线，注意线条的流畅及转折变化。

提示

绘制波浪褶皱线条时，用笔要流畅、快速，要注意服装包裹人体时产生的线条转折变化。

3 先用黑色毛笔勾勒出五官和盘发的线条，再画出礼服裙的轮廓线条以及内部褶皱线条的虚实变化，最后画出鞋子的线条。

4 先用G58号色马克笔平铺皮肤的底色，再用G48号色马克笔画出眼窝、眼尾、鼻梁、鼻底、脖子、手臂和腿部的暗面颜色。

5 先用G102号色马克笔画出头发的底色，再用G189号色马克笔画出头发的暗面，注意表现头发的蓬松感。

6 先用黑色毛笔画出眉毛的形状，再用G48号色马克笔加强鼻梁和鼻底的暗面，然后用G93号色和G80号色马克笔画出眼部和嘴唇的颜色。

7 用NG4号色马克笔画出礼服裙的底色，注意用笔的转折变化，画裙摆时要注意用笔的松紧变化以及留白处理。

8 先用NG8号色马克笔画出礼服裙的暗面，再用G183号色和G9号色马克笔画出亮片面料颜色的明暗变化。

9 先用G9号色马克笔点缀出亮面和裙摆的图案，再用G201号色马克笔加强裙子的暗面，然后画出鞋子的固有色，最后用高光笔画出礼服裙的高光。

例090 拼接收腰礼服裙

这款礼服裙采用不同面料进行拼接，腰带配有装饰物，裙摆运用不规则的拖地裙摆，整体充满强烈的时尚效果。

绘制要点

❶ 人体动态线条的绘制。
❷ 不规则裙摆的线条以及颜色的表现。

绘画工具

❶ 自动铅笔
❷ 黑色毛笔
❸ 干彩乐马克笔
❹ 高光笔

绘画颜色

绘制上半部礼服裙的颜色时，先画出轮廓线和褶皱线的虚实变化，再绘制出颜色的明暗变化以及高光。

1 先画出头部的长度，再画出胸腔和盆腔体块的动态变化，最后画出手臂的摆动和腿部走动的线条。

2 先绘制出头部轮廓和五官以及头发的线条，再根据人体的动态表现，画出礼服裙的外轮廓线条和内部褶皱线。

提示

绘制裙摆线条时，用笔要注意松紧变化，以及前后空间关系的线条处理。

3 先用黑色毛笔勾勒出人体的线条，绘制腿部线条时要流畅，再绘制出五官和头发丝的线条，最后画出礼服裙和鞋子的细节。

4 先用G58号色和G48号色马克笔画出皮肤的明暗颜色，再用G65号色马克笔画出眼部、鼻底、脖子和膝盖的暗面。

5 先用G189号色和TG8号色马克笔画出头发颜色的明暗变化，再用黑色毛笔勾勒眉毛的形状，然后用G93号色马克笔画出眼影的颜色，最后用G78号色马克笔画出嘴唇的颜色。

6 先用G93号色马克笔画出上半部分礼服裙的底色，再用G176号色马克笔画出暗面颜色，最后用G182号色马克笔加强褶皱线的阴影。

7 先用G9号色马克笔画出下半部分礼服裙的底色，注意用笔的转折变化，再用NG4号色马克笔画出项链和腰带的颜色。

8 先用NG8号色马克笔加强腰带的暗面，再用G16号色马克笔画出下半部分礼服裙的暗面颜色。

9 先用NG4号色和NG8号色马克笔画出鞋子颜色的明暗变化，再用高光笔画出礼服裙和鞋子的高光。

例091 蛋糕层次礼服裙

这款礼服裙采用多层褶皱的造型元素进行设计，选用波点纱质面料搭配同色系的配饰，体现服装的柔和感和时尚效果。

面部妆容的立体效果主要在于眼部的深邃表现以及鼻子的立体感，先加深眼部的颜色，再明确鼻梁的明暗变化。

表现纱质礼服裙面料的质感时，关键在于颜色的明暗过渡要柔和，同时把握好亮面的颜色。

绘制要点

❶ 面部妆容的立体效果。
❷ 礼服裙面料质感的表现。

绘画工具

❶ 自动铅笔
❷ 黑色毛笔
❸ 千彩乐马克笔
❹ 高光笔

绘画颜色

1 先画出头部的轮廓线条，再画出躯干的动态变化，最后画出手臂摆动以及腿部走动的线条。

2 先画出五官以及头发丝的线条，再根据人体的动态表现，画出礼服裙的轮廓线条以及褶皱线条。

提示

绘制多层裙摆时，要注意人体走动产生的裙摆的前后空间变化。

3 先用黑色毛笔勾勒出五官和人体的轮廓线条，再画出礼服裙的虚实变化线条，最后画出配饰和鞋子的线条。

4 先用G58号色和G48号色马克笔画出皮肤的明暗，再用G65号色马克笔加强眼窝、鼻底、脖子以及手臂的暗面。

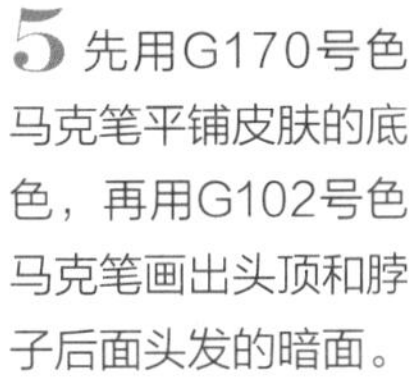

5 先用G170号色马克笔平铺皮肤的底色，再用G102号色马克笔画出头顶和脖子后面头发的暗面。

6 先用黑色毛笔画出眉毛的形状以及眼睛的轮廓线条，再用G65号色马克笔加深鼻梁的暗面，然后用G92号色马克笔画出眼影的颜色，最后用G72号色马克笔画出嘴唇的颜色。

7 先用G145号色马克笔平铺裙子的底色，再用G146号色马克笔加深裙子的暗面颜色。

8 先用G193号色马克笔加强裙子褶皱线的阴影，再用G170号色马克笔画出配饰的颜色，最后画出裙子的波点图案。

9 先用G201号色马克笔画出鞋子的固有色，再用高光笔画出礼服裙和鞋子的高光。

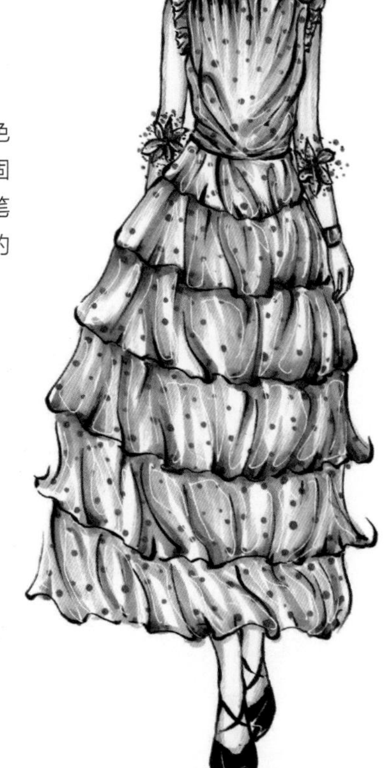

例092 半披肩开叉礼服裙

这款礼服裙运用不对称、半披肩、腿部高开叉等元素进行设计，服装的材质是在缎面的基础上加上亮片作为装饰，充分展现女性的优雅气质。

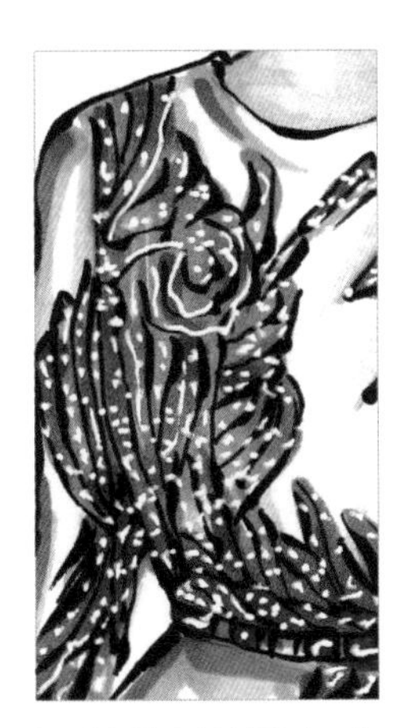

绘制亮片面料材质时，先画出亮片面料的轮廓线条，再画出底色，最后点缀亮片的高光。

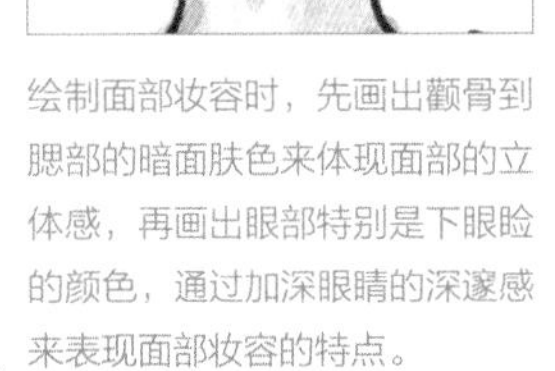

绘制面部妆容时，先画出颧骨到腮部的暗面肤色来体现面部的立体感，再画出眼部特别是下眼睑的颜色，通过加深眼睛的深邃感来表现面部妆容的特点。

绘制要点

❶ 面部妆容的特点表现。
❷ 人体腿部动态的空间关系变化。

绘画工具

❶ 自动铅笔
❷ 0.5mm棕色针管笔
❸ 千彩乐马克笔
❹ 黑色毛笔
❺ 高光笔

绘画颜色

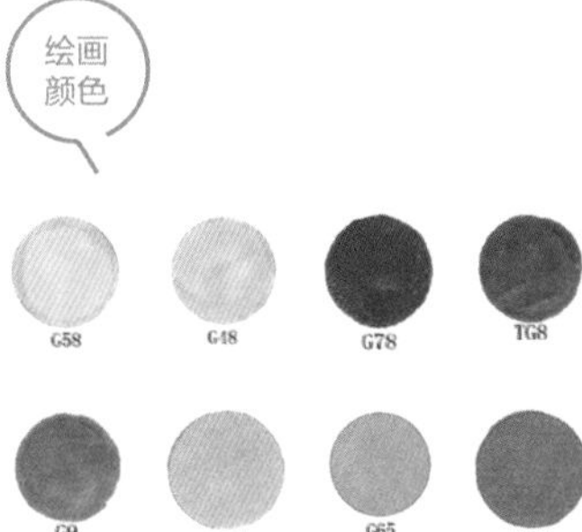

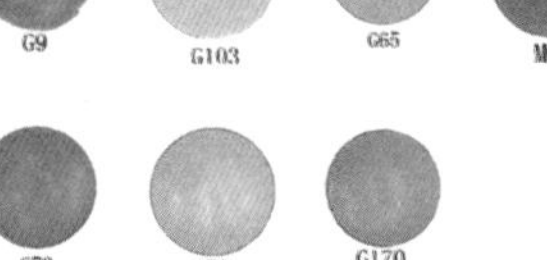

1 先绘制出头部的轮廓线条，再画出躯干体块的动态表现，最后画出手臂和腿部的线条。

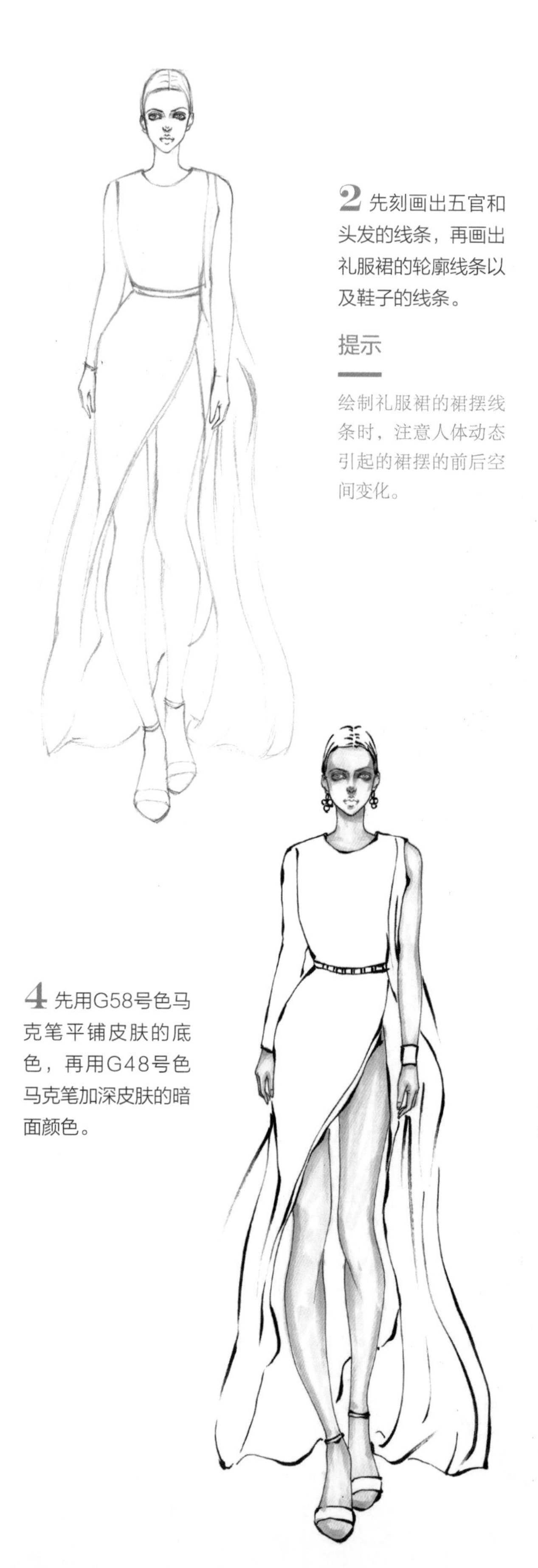

2 先刻画出五官和头发的线条，再画出礼服裙的轮廓线条以及鞋子的线条。

提示

绘制礼服裙的裙摆线条时，注意人体动态引起的裙摆的前后空间变化。

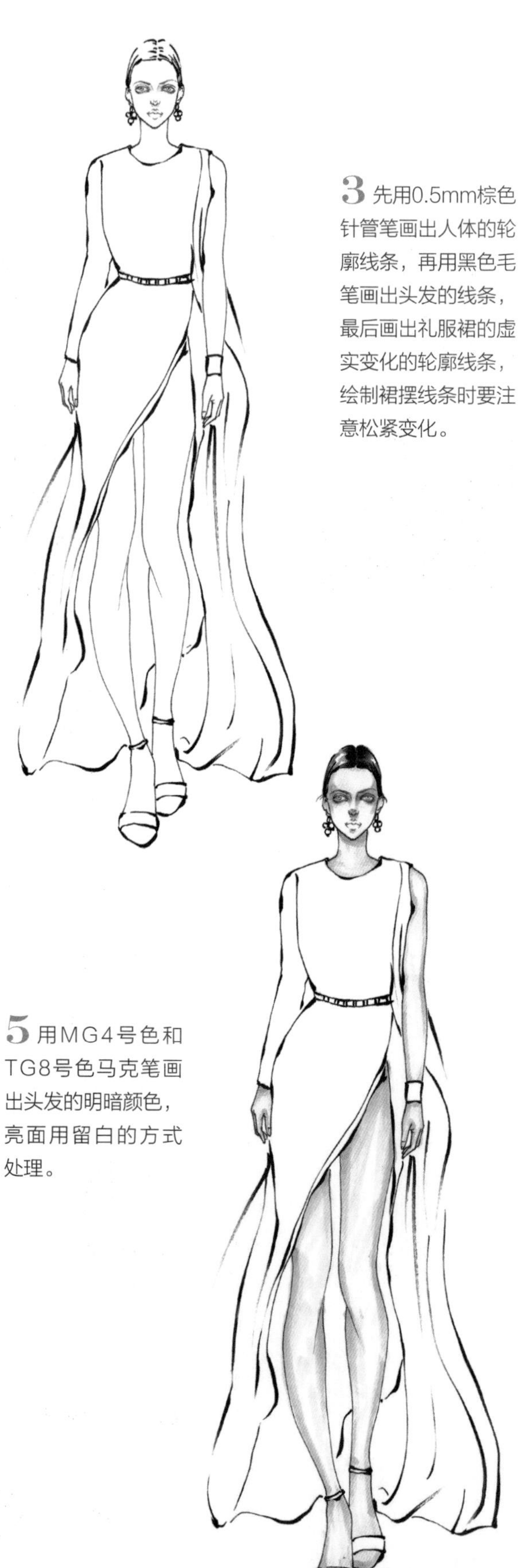

3 先用0.5mm棕色针管笔画出人体的轮廓线条，再用黑色毛笔画出头发的线条，最后画出礼服裙的虚实变化的轮廓线条，绘制裙摆线条时要注意松紧变化。

4 先用G58号色马克笔平铺皮肤的底色，再用G48号色马克笔加深皮肤的暗面颜色。

5 用MG4号色和TG8号色马克笔画出头发的明暗颜色，亮面用留白的方式处理。

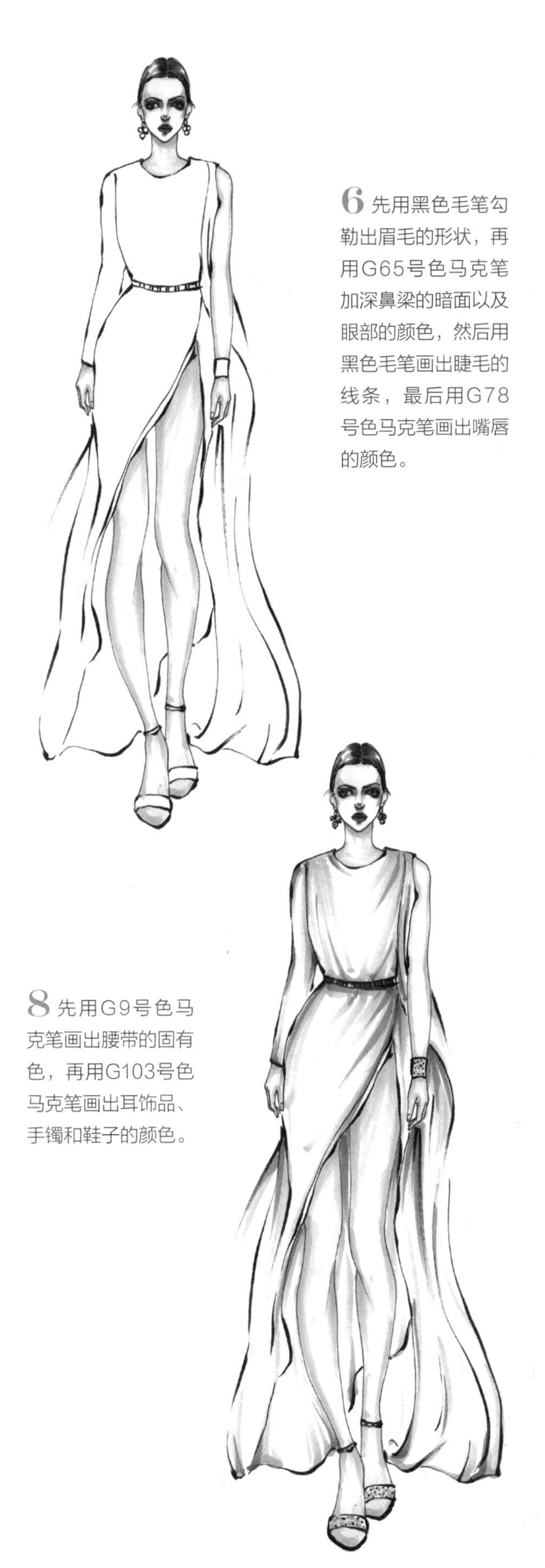

6 先用黑色毛笔勾勒出眉毛的形状，再用G65号色马克笔加深鼻梁的暗面以及眼部的颜色，然后用黑色毛笔画出睫毛的线条，最后用G78号色马克笔画出嘴唇的颜色。

7 先用G70号色马克笔画出礼服裙的暗部，注意用笔的转折变化，再用G72号色马克笔加深褶皱线的阴影。

8 先用G9号色马克笔画出腰带的固有色，再用G103号色马克笔画出耳饰品、手镯和鞋子的颜色。

9 先用黑色毛笔勾勒亮片的轮廓线条，再用G170号色马克笔画出亮片的底色，然后用高光笔点缀亮片的高光，最后点缀手镯和鞋子的高光。

例093 堆褶亮片礼服裙

这款礼服裙采用堆褶领、腰部层叠、拖摆的造型设计，搭配收腰的装饰腰带，上半身和衣袖用亮片点缀，充分体现女性优雅高贵的气质。

绘制要点

❶ 人体躯干动态线条的表现。
❷ 礼服裙面料质感颜色处理。

绘画工具

❶ 自动铅笔
❷ 0.5mm棕色针管笔
❸ 黑色毛笔
❹ 千彩乐马克笔
❺ 高光笔

绘画颜色

绘制编发的颜色时，先用黑色毛笔仔细勾勒头发的线条走向，注意表现头发的体积感，再画出头发颜色的明暗变化。

绘制亮面材质面料的颜色时，先勾勒轮廓线条，再画出底色，最后点缀高光。

1 先画出头部的轮廓线条，再画出胸腔和盆腔的体块动态，最后画出手臂和腿部的线条。

2 先画出五官和编发的线条，再根据人体的动态表现，画出礼服裙的轮廓线条以及亮片材质的线条。

3 先用0.5mm棕色针管笔画出人体的线条以及五官的线条，再用黑色毛笔画出头发、礼服裙和鞋子的线条。

提示

绘制编发的线条时，按照几股线条为一组来绘制。

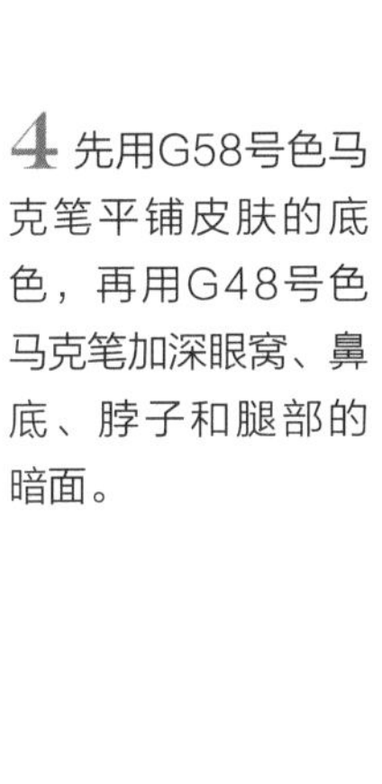

4 先用G58号色马克笔平铺皮肤的底色，再用G48号色马克笔加深眼窝、鼻底、脖子和腿部的暗面。

5 用MG4号色和TG8号色马克笔画出头发的明暗颜色，亮面直接留白处理。

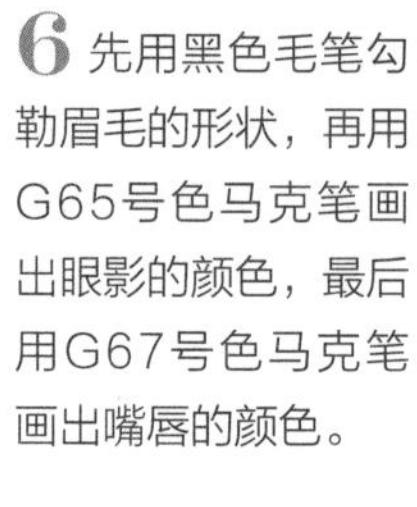

6 先用黑色毛笔勾勒眉毛的形状，再用G65号色马克笔画出眼影的颜色，最后用G67号色马克笔画出嘴唇的颜色。

7 先用G103号色马克笔画出腰带的颜色，再用G26号色马克笔平铺礼服裙的底色，然后用G92号色马克笔加深礼服裙的暗面，最后再用G92号色马克笔画出亮面面料的底色。

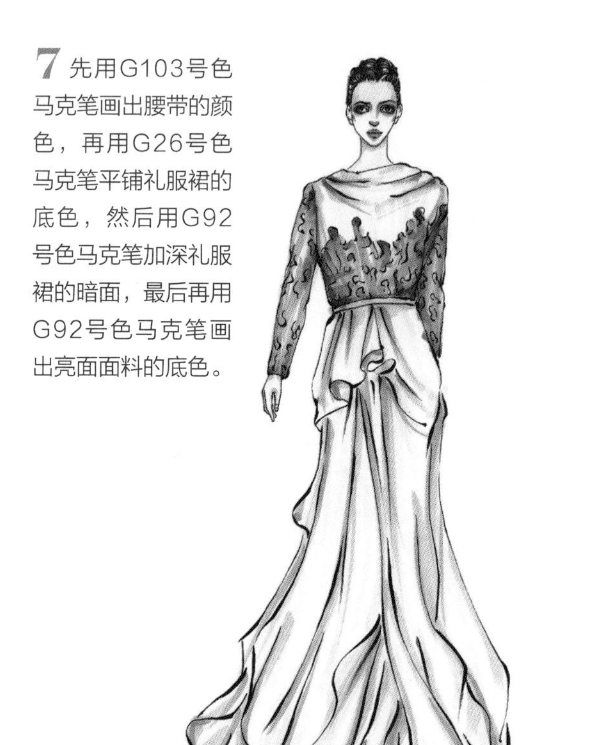

8 用高光笔画出上衣身和衣袖的高光，运用小圆圈和短线进行绘制。

9 先用G103号色马克笔画出鞋子的固有色，再用高光笔画出礼服裙和鞋子的高光。

例094 蓬蓬亮片礼服裙

这款礼服裙采用圆领、短袖、收腰、半圆裙摆的造型设计，颜色上运用亮丽的绿色和树叶形状的亮片进行搭配，在视觉上给人以非常时尚的感觉。

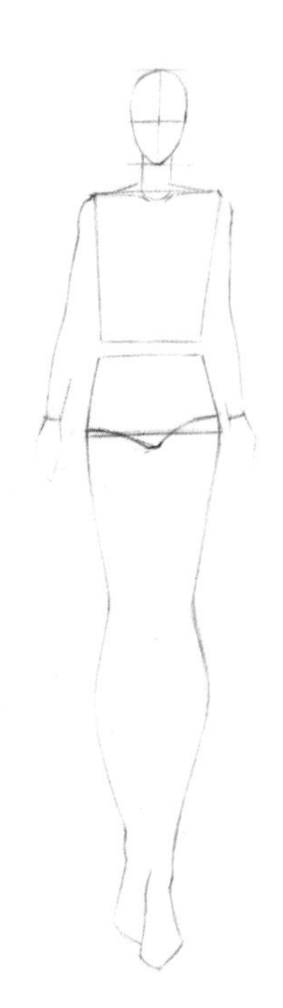

1 先勾勒头部的轮廓，再画出躯干的动态表现，最后画出手臂的线条和腿部走动的线条。

2 先勾勒出五官和头发的线条，再画出礼服裙的轮廓线条以及裙摆的褶皱线。

提示

绘制五官线条时，要注意面部的比例关系，注意头发是覆盖在头顶的，绘制头发线条时注意包裹头部表现。

3 先用黑色毛笔勾勒头发的线条，再画出礼服裙的轮廓线条，注意线条的虚实变化。

4 先用G26号色马克笔平铺皮肤的底色，再用G48号色马克笔加深眼窝、眼尾、鼻底、鼻梁、脖子和手臂的暗面。

5 先用G103号色马克笔和G161号色马克笔画出头发颜色的明暗变化，再用G70号色马克笔画出头部装饰品的颜色。

6 先用黑色毛笔勾勒眉毛的形状，再用G93号色马克笔画出眼影的颜色，最后用G78号色马克笔画出嘴唇的颜色。

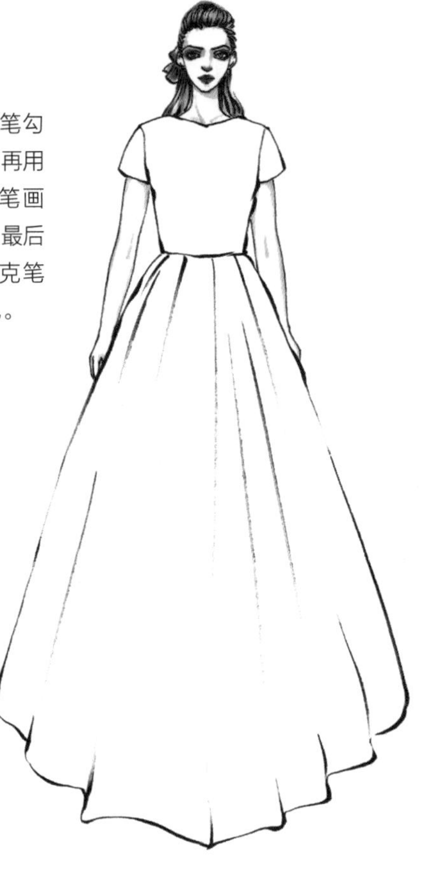

7 先用NG1号色马克笔画出上半部衣身的底色，再用G179号色马克笔平铺裙摆的底色，然后用G58号色马克笔加深裙摆的暗面颜色。

8 先用G53号色马克笔加深褶皱线的暗面，增加服装颜色的层次感，再用黑色毛笔勾勒礼服裙的图案形状。

9 先用G103号色和G161号色马克笔画出上半部衣身的颜色，再用高光笔点缀高光，最后画出裙摆的树叶图案的亮面。

例095 花朵收腰礼服裙

这款礼服裙的造型设计比较简单，运用了小圆领、中袖、垂褶裙摆的元素，整体裙子选用花卉图案的面料，给人以亮丽清新的色彩表现。

绘制要点

❶ 人体动态的线条绘制。
❷ 花卉图案的颜色表现。

绘画工具

❶ 自动铅笔
❷ 黑色毛笔
❸ 千彩乐马克笔
❹ 高光笔

绘画颜色

花朵图案面料颜色的绘制，先勾勒花卉和树叶的形状，再画出花卉的明暗颜色以及高光。

1 先勾勒出头部的外轮廓线条以及躯干的动态变化，再画出手臂的线条和腿部走动的线条。

2 先勾勒出五官和头发的线条，再画出礼服裙的外轮廓线条以及花卉图案的轮廓线条。

提示

注意礼服裙上面的花卉图案的形状会根据裙摆的摆动而变化。

3 先用黑色毛笔勾勒出五官和头发的线条，再画出礼服裙的虚实变化线条以及花卉图案的线条，注意裙摆的变化。

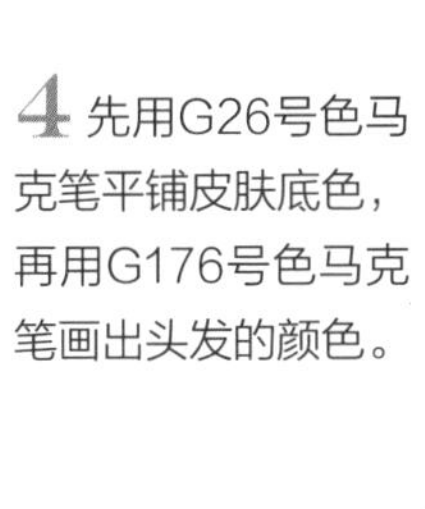

4 先用G26号色马克笔平铺皮肤底色，再用G176号色马克笔画出头发的颜色。

5 先用G48号色马克笔画出眼部、鼻底、脖子和手臂的暗面，绘制脖子暗面颜色时注意根据明暗变化处理。

6 先用G70号色马克笔画出花卉的底色，再用G72号色马克笔画出花卉的暗面颜色。

7 先用黑色毛笔点缀礼服裙的波点图案，再用G175号色和G153号色马克笔画出树叶颜色的明暗变化。

8 先用黑色毛笔画出眉毛的形状，再用G176号色马克笔画出眼影的颜色，然后用G78号色马克笔画出嘴唇的颜色，最后用G169号色马克笔画出耳饰品的固有色。

9 先用G15号色马克笔加深花卉的暗面，再用NG1号色马克笔画出裙摆褶皱线的阴影，最后用高光笔画出礼服裙的高光。

例096 皮草褶皱礼服裙

这款礼服裙的颜色比较艳丽，采用皮草和纱质两种面料进行搭配设计，运用了多层堆褶、面料叠搭、无袖圆领的造型元素，再搭配上小礼帽，充分展现了女性的优雅气质。

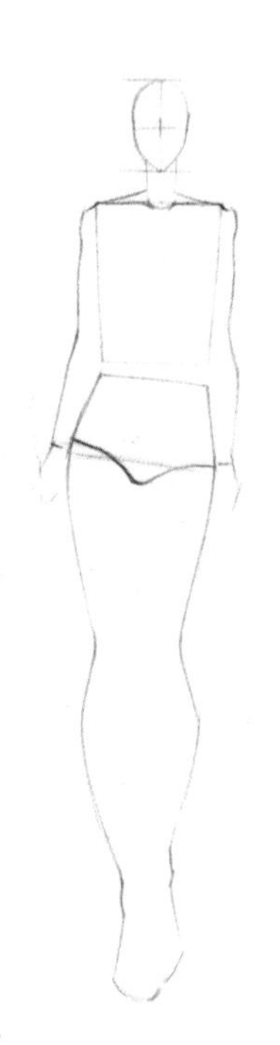

1 先画出头部的外轮廓线条，再画出胸腔和盆腔体块的线条，最后画出手臂的线条以及腿部走动的线条。

2 先勾勒出五官和礼帽的线条，再画出礼服裙的轮廓线条和裙摆的褶皱线，最后画出胸前的装饰品的线条。

提示

绘制多层裙摆线条时，注意褶皱裙摆线条的起伏变化和前后空间关系。

3 先用黑色毛笔勾勒出人体线条，再刻画出五官以及礼帽的线条，最后画出礼服裙的虚实变化线条和鞋子的线条。

4 先用G58号色马克笔平铺皮肤的底色，再用G48号色马克笔加深眼窝、鼻梁、鼻底、脖子、手臂和膝盖的暗面颜色。

5 先用NG4号色和NG8号色马克笔画出礼帽颜色的明暗变化，再用G201号色马克笔加深帽子的暗面。

6 先用G67号色马克笔加深鼻梁和眼部暗面，再用G78号色马克笔画出嘴唇的颜色，最后用黑色毛笔画出礼帽的网子的线条。

7 先用G70号色马克笔平铺皮草面料的底色，再勾勒纱质面料褶皱线的阴影。

8 先用G78号色马克笔画出短皮草的线条，再用G80号色马克笔加深皮草面料的暗面，然后用G72号色马克笔加深纱质面料的暗面颜色。

9 先用NG4号色马克笔画出胸前装饰品的颜色，再用G15号色马克笔加深皮草毛的暗面颜色，增强颜色的层次感，然后用G70号色马克笔平铺纱质面料的底色，再用黑色毛笔画出鞋子的颜色，最后用高光笔画出礼服裙的高光。

第章

婚纱系列的绘制

婚纱可单指服饰，也可以包括头纱部分。婚纱一般分为抹胸婚纱、A字摆婚纱、小拖摆婚纱、大拖摆婚纱、高腰线型婚纱和蓬蓬裙型婚纱，婚纱的面料材质都比较精致，质地偏柔软。

例097 抹胸褶皱不对称婚纱

这款婚纱整体采用小拖摆、抹胸、拼接的造型设计，运用不对称的褶皱设计搭配裙摆的装饰花朵的设计。

1 用自动铅笔勾勒出模特的动态线条，注意两腿的前后关系。

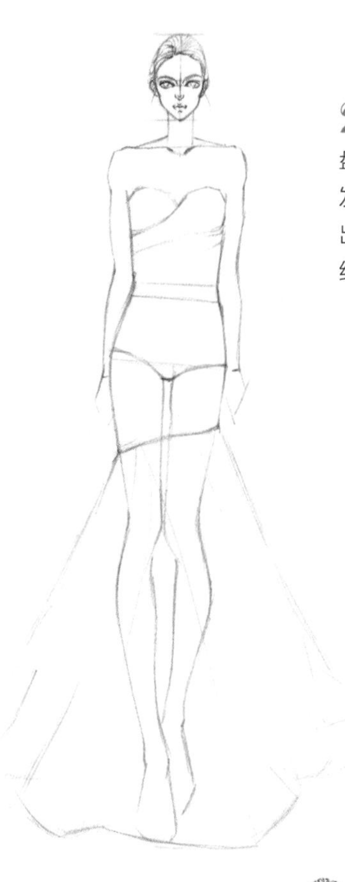

2 先画出五官以及盘发的线条，注意头发的体积感，再画出婚纱的大致轮廓线条。

3 细致刻画抹胸的线条以及内部不对称的褶皱线条。

提示

绘制褶皱线条时，可以左右交替地画出虚实变化的线条。

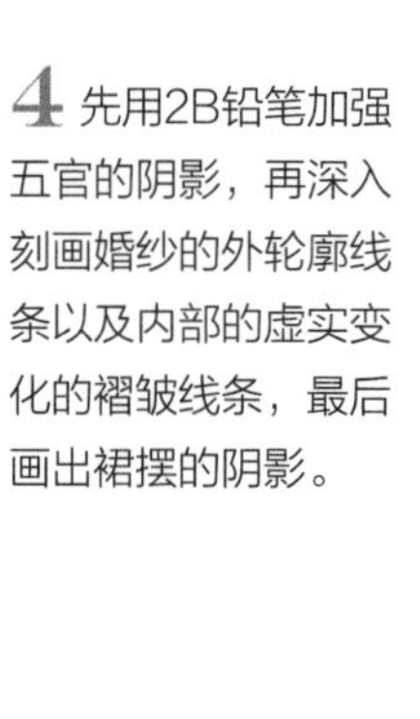

4 先用2B铅笔加强五官的阴影，再深入刻画婚纱的外轮廓线条以及内部的虚实变化的褶皱线条，最后画出裙摆的阴影。

5 先用2B铅笔加深头发的暗面，再加深婚纱的暗面和褶皱线的暗面，最后画出裙摆上面的装饰花朵。

例098 抹胸收腰花瓣婚纱

这款婚纱采用抹胸、收腰、蓬蓬裙元素进行设计，搭配花瓣作为细节装饰，丰富了婚纱的层次感以及视觉效果。

绘制要点

胸部造型的表现。

绘画工具

❶ 自动铅笔
❷ 2B铅笔

绘制头发的线条时，先画出头发丝的大方向，再绘制细节线条。

花瓣造型的表现，先画出轮廓线条以及装饰线的形状，再画出表面的花瓣线条，注意疏密的变化。

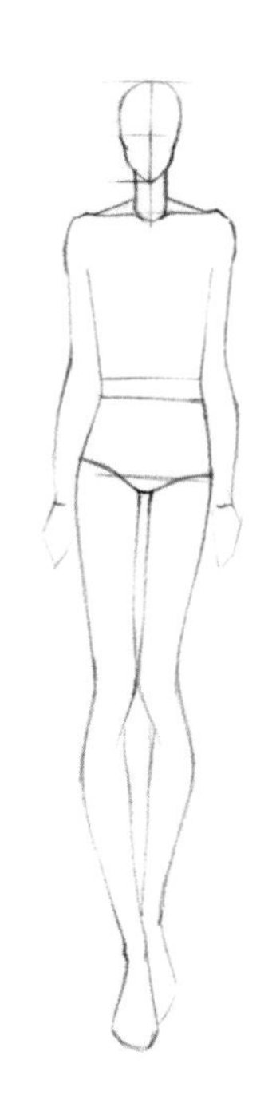

1 先用自动铅笔画出头部的轮廓线条，再画出人体的动态表现。

2 先画出五官以及头发的线条，再画出婚纱的大致外轮廓线条。

3 细致刻画婚纱的内部细节，注意胸型的线条绘制以及鱼骨线的表现。

提示

绘制纱质裙摆时，注意裙摆的重叠表现。

4 先用2B铅笔深入刻画五官以及阴影，再加深婚纱的轮廓线条以及纱质裙摆的褶皱线条，最后画出褶皱线的暗面。

5 先画出头发的暗面，再加深婚纱的暗面以及裙摆的褶皱阴影，最后勾勒出花瓣的形状。

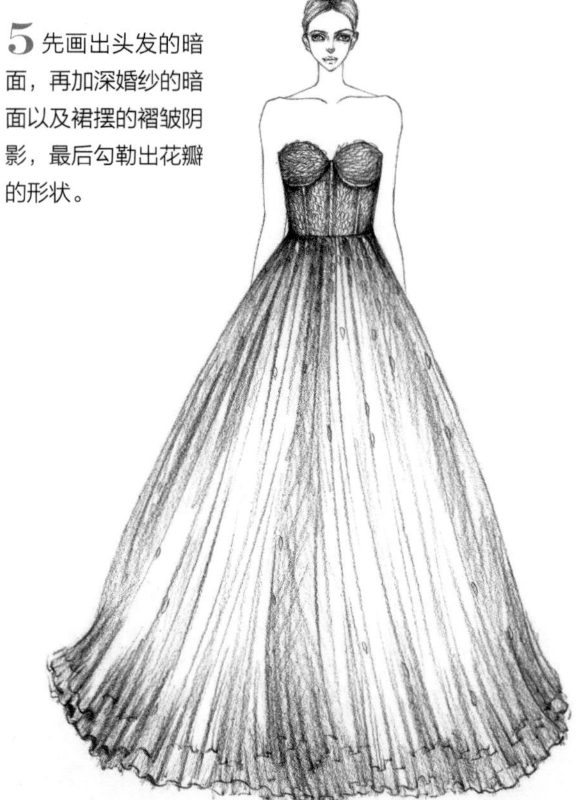

例099 鸡心领鱼尾摆婚纱

这款婚纱采用鸡心领、鱼尾拖摆、贴身的造型设计，选用纱质面料搭配亮钻，充分体现了女性优雅的气质。

1 先用自动铅笔画出头部的轮廓，再画出躯干的动态变化以及手臂和腿部的线条。

2 先画出五官以及头发的线条，再勾勒出婚纱的外轮廓线条。

3 先用2B铅笔深入勾勒婚纱的轮廓线条以及胸部的造型，再细致刻画五官，擦除多余的杂线。

提示

绘制拖摆的线条时，注意拖摆线条的空间变化。

4 先用2B铅笔画出婚纱内部的细节造型，再勾勒虚实变化的圈圈点点来表现亮钻面料的质感。

5 先画出五官的阴影以及头发的暗面，再加深婚纱的暗面，最后画出裙摆的褶皱线条以及褶皱线的阴影。

例100 深V领A字摆婚纱

这款婚纱采用深V、高腰、A字摆的造型设计，搭配蕾丝花朵、头纱、配饰，整体的造型充分体现了女性的优雅气质。

绘制要点

蕾丝花朵的线条绘制。

绘画工具

❶ 自动铅笔
❷ 2B铅笔

蕾丝花朵面料质感的表现，要先刻画花朵图案，再加强颜色的明暗变化。

五官的绘制，要加强眼部以及鼻梁的暗面来体现面部的立体感。

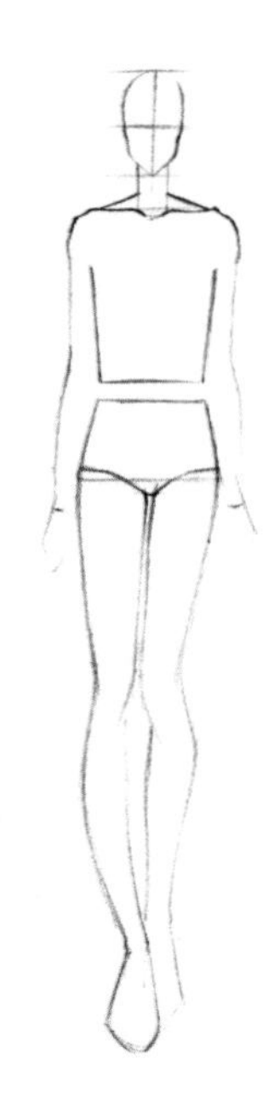

1 先用自动铅笔画出头部的外轮廓线条，再画出躯干、手臂和腿部的线条。

2 先画出五官的线条，再画出头发和头纱的轮廓线，最后画出婚纱的大致外轮廓线条。

3 先用2B铅笔深入勾勒五官和头发丝的线条，再细致刻画婚纱的外轮廓线条。

4 画出蕾丝花朵的线条，注意从上至下的疏密变化。

5 先画出头纱和裙摆的褶皱线条，再加深五官的阴影以及头发丝的暗面，然后画出耳饰和项链的线条，最后画出头纱和婚纱的暗面。

提示

绘制头纱时，先画出轮廓线条以及褶皱线条，再加深褶皱线位置的暗面即可。